幸运编绳手链 178 款

日本靓丽出版社◎编著　　王　慧◎译

目　录

河北科学技术出版社

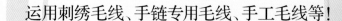

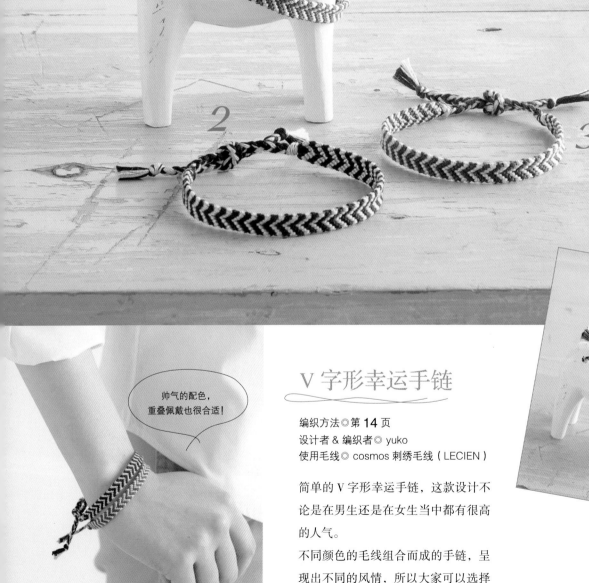

帅气的配色，
重叠佩戴也很合适！

V 字形幸运手链

编织方法◎第 14 页
设计者 & 编织者◎ yuko
使用毛线◎ cosmos 刺绣毛线（LECIEN）

简单的 V 字形幸运手链，这款设计不
论是在男生还是在女生当中都有很高
的人气。
不同颜色的毛线组合而成的手链，呈
现出不同的风情，所以大家可以选择
自己喜欢的颜色。

V 字蕾丝风格幸运手链

编织方法◎第 **15** 页
设计者 & 编织者◎ hiro
使用毛线◎ cosmos 刺绣毛线（LECIEN）

蕾丝设计，富有层次的颜色层叠，将手链衬托
得更加俏丽。
这款手链采用的是 V 字形编织手法。

这种富有层次的配色设计
是吸引消费者的焦点。

9

10

11

12

交叉花纹幸运手链

编织方法◎第 16 页
设计者 & 编织者 ◎ hiro
使用毛线◎ cosmos 刺绣毛线（LECIEN）

横向编织与纵向编织结合而成的交叉花纹
幸运手链。
北欧风情的配色使手链的整体设计充满成
熟韵味。

棋盘花纹幸运手链

编织方法◎第 **18** 页
设计者 & 编织者◎ hiro
使用毛线◎ cosmos 刺绣毛线（LECIEN）

洋溢着复古气息的国际象棋棋盘花纹幸运手链。
横向编织与纵向编织交叉而成。
怎么才能将花纹编织得整洁俏丽呢？秘诀就是编织
时要用力均匀。

方格花纹幸运手链

编织方法◎第 **16** 页
设计者 & 编织者◎ yuko
使用毛线◎ cosmos 刺绣毛线（LECIEN）

运用 3 色俏丽刺绣毛线编织而成的方格
花纹幸运手链，花样纤细，设计精美。
只需要选用颜色较深的毛线，手链的气
质立刻就显现出来了！

手链的亮点：配色显现
出稳重成熟气质。

扭编幸运手链

编织方法◎第 **19** 页
设计者 & 编织者◎西村明子
使用毛线◎手链专用毛线（MARCHEN–ART）

鲜艳生动的配色，让手链充满活力。
即使是第一次编织手链的人也能掌握的扭编幸
运手链。可以单色编织，也可以挑选自己喜欢
的颜色进行交叉编织。

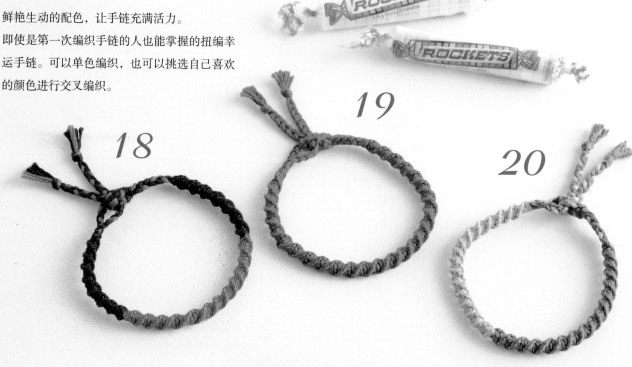

平编幸运手链

编织方法◎第 **17** 页
设计者 & 编织者◎ SARYU
使用毛线◎ MOCO〈摩安珂〉（FUJIX）

样式简单的平编幸运手链，使用颜色
层次明显的毛线编织而成，透出一股
微妙的气质。这款设计较为简单，很
适合初学者。

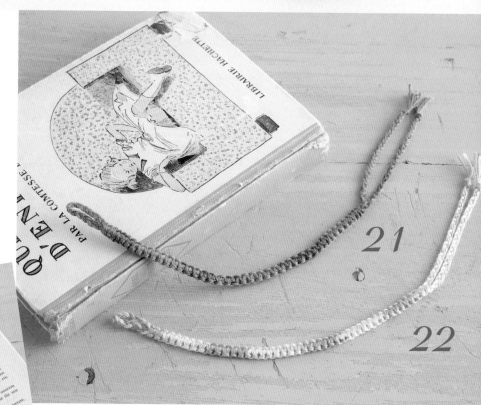

斜条纹幸运手链

编织方法◎第 **59** 页
设计者 & 编织者◎ SARYU
使用毛线◎ cosmos 刺绣毛线（LECIEN）

斜条纹样式可以说是幸运手链的惯用设计。
配色不同，手链所呈现的气质也会有所差别。
我们可以使用自己喜欢的毛线编织，将它作为
礼物送给朋友。

23

24

25

26

27

28

编织好的
手链样式

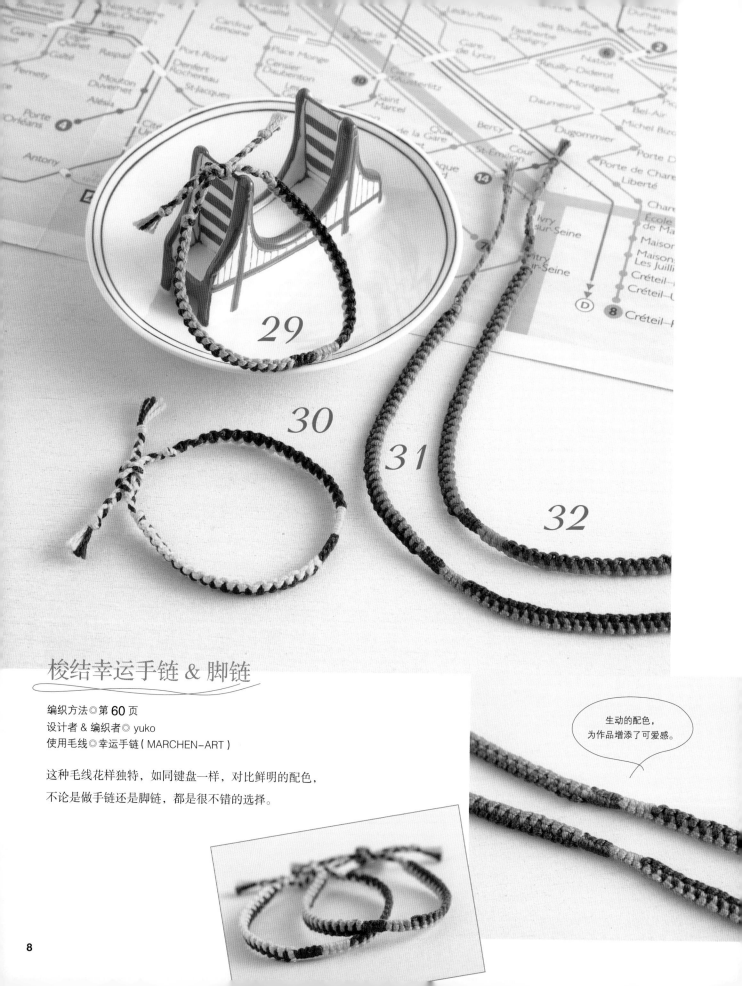

29

30

31

32

梭结幸运手链 & 脚链

编织方法◎第60页

设计者 & 编织者◎yuko

使用毛线◎幸运手链 (MARCHEN-ART)

这种毛线花样独特，如同键盘一样，对比鲜明的配色，

不论是做手链还是脚链，都是很不错的选择。

生动的配色，

为作品增添了可爱感。

33

34

35

37

36

纽扣花纹幸运手链

编织方法◎第62页
设计者 & 编织者◎ SARYU
使用毛线◎ cosmos 刺绣毛线（LECIEN）

纽扣花纹是一种非常受欢迎的简洁设计，能给人带来一种轻便的印象。
我们可以添加自己喜欢的毛线，也可以配合国旗的配色编织。

腕表幸运手链

编织方法◎第63页
设计者 & 编织者◎西村明子
使用毛线◎ cosmos 刺绣毛线（LECIEN）

这是一款可爱的腕表主题手链，像玩具一样。
蜡笔般的颜色，带来可爱感。
大家可以挑选自己喜欢的时刻编织！

39

38

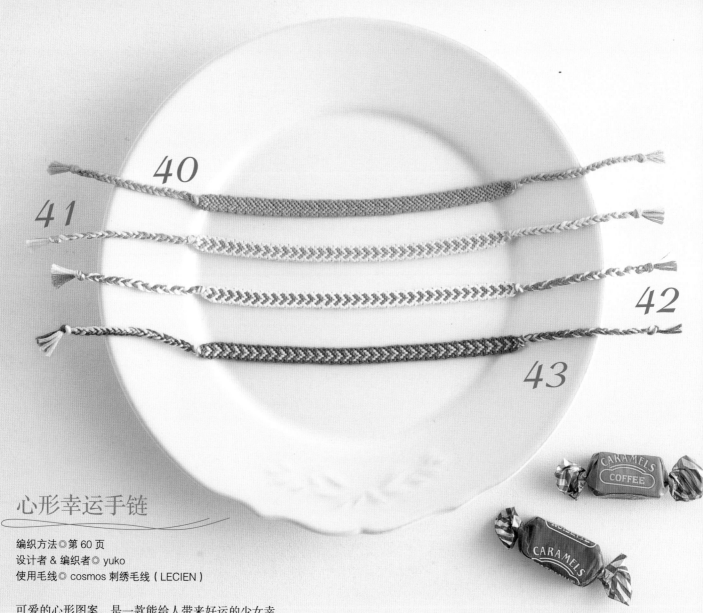

40

41

42

43

心形幸运手链

编织方法◎第 60 页
设计者 & 编织者◎ yuko
使用毛线◎ cosmos 刺绣毛线（LECIEN）

可爱的心形图案，是一款能给人带来好运的少女幸
运手链。
蜡笔般多彩明亮的颜色与手链的搭配相得益彰。
为了避免花纹过粗，要精细地进行编织。

这是一款设计纤细的幸
运手链，充满成熟气
息，佩戴上完全不会给
人孩子气的感觉。

突出结点

10

蕾丝花纹幸运手链

编织方法◎第 41 页
设计者 & 编织者◎ yuko
使用毛线◎ cosmos 刺绣毛线（LECIEN）

蕾丝花纹幸运手链，充满女性风情，尽显高雅。

柔和的配色，如同雪蕎一样，让设计感凸现无遗。

小花纹幸运手链

编织方法◎第 61 页
设计者 & 编织者◎ hiro
使用毛线◎ cosmos 刺绣毛线（LECIEN）

小花纹更能凸现手腕的秀气，女人味一下子就出来了。

我们可以选择淡色系的刺绣毛线进行编织。

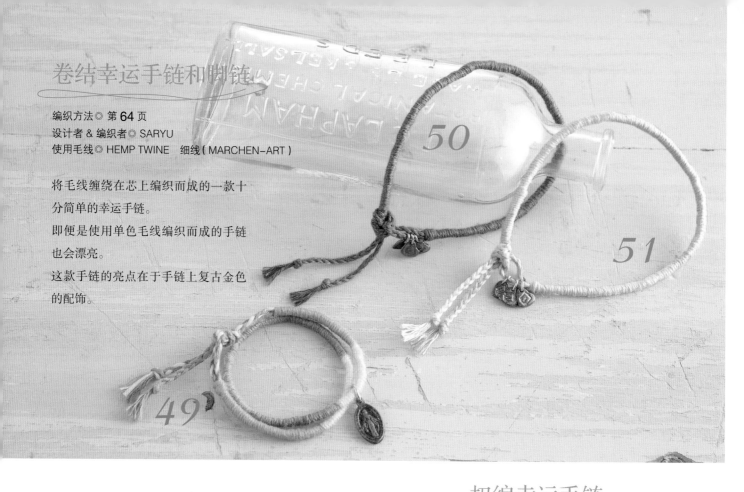

卷结幸运手链和脚链

编织方法◎第64页
设计者 & 编织者◎SARYU
使用毛线◎HEMP TWINE 细线（MARCHEN–ART）

将毛线缠绕在芯上编织而成的一款十
分简单的幸运手链。
即便是使用单色毛线编织而成的手链
也会漂亮。
这款手链的亮点在于手链上复古金色
的配饰。

扭编幸运手链

编织方法◎第65页
设计者 & 编织者◎西村明子
使用毛线◎cosmos 刺绣毛线（LECIEN）

这款手链采用烟灰色单色刺绣毛线，突出了毛
线的质感。

五股辫手链

编织方法◎第 **65** 页
设计者 & 编织者◎西村明子
使用毛线◎ cosmos 刺绣毛线（LECIEN）

这是一款具有可爱韵律感的五股辫
手链。此款设计选用毛线的自由度很
高，暖色调毛线或冷色调毛线，哪一
样是你的最爱呢？

55

56

四股辫纽扣手链

编织方法◎第 **38** 页
设计者 & 编织者◎ Sarashina amy
使用毛线◎ cosmos 刺绣毛线（LECIEN）
用 2 色刺绣毛线编织而成的细小四股
辫幸运手链。
这款手链的亮点在于可爱的纽扣装
饰品。

57

58

59

◎ 1~3 使用的共同材料
cosmos 刺绣毛线 #25

◎ 1 所需材料
毛线A 米色（380）95cm×4 根
毛线B 蓝色（167）95cm×4 根

◎ 2 所需材料
毛线A 深藏青色（669 A）95cm×4 根
毛线B 奶油色（573）95cm×4 根

◎ 3 所需材料
毛线A 灰色（472）95cm×4 根
毛线B 绿色（984）95cm× 2 根
毛线C 砖红色（437）95cm× 2 根

3 编织方法

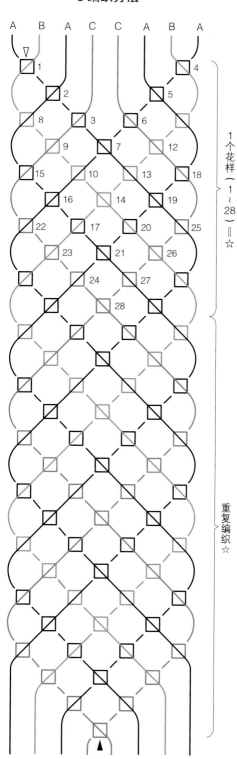

编织顺序

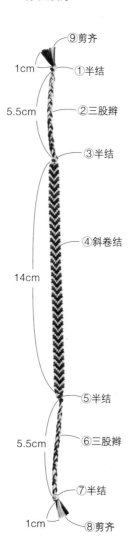

⑨剪齐
1cm ①半结
5.5cm ②三股辫
③半结
④斜卷结
14cm
⑤半结
5.5cm ⑥三股辫
⑦半结
1cm ⑧剪齐

1·2 编织方法

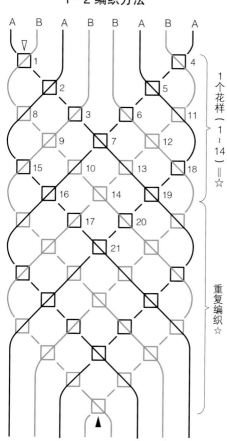

◎ 4~8 使用的共同材料
cosmos 刺绣毛线 #25

◎ 4 所需材料
毛线 A　淡蓝色（662）150cm×2 根
毛线 B　蓝色（664A）150cm×1 根
毛线 C　藏青色（667A）150cm×1 根

◎ 5 所需材料
毛线 A　浅橙色（461）150cm×2 根
毛线 B　砖红色（465）150cm×1 根
毛线 C　深红色（467）150cm×1 根

◎ 6 所需材料
毛线 A　浅绿色（820）150cm×2 根
毛线 B　浅茶青色（671）150cm×1 根
毛线 C　茶青色（826）150cm×1 根

◎ 7 所需材料
毛线 A　浅粉色（481）150cm×2 根
毛线 B　粉色（114）150cm×1 根
毛线 C　深粉色（3115）150cm×1 根

◎ 8 所需材料
毛线 A　浅绿色（896）150cm×2 根
毛线 B　青绿色（899）150cm×1 根
毛线 C　深青绿色（901）150cm×1 根

编织顺序

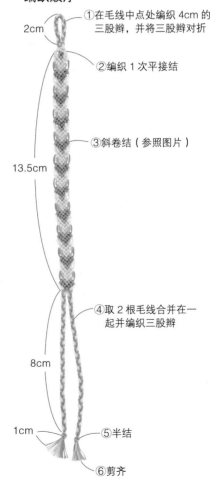

2cm

①在毛线中点处编织 4cm 的
　三股辫，并将三股辫对折

②编织 1 次平接结

13.5cm

③斜卷结（参照图片）

④取 2 根毛线合并在一
　起并编织三股辫

8cm

1cm

⑤半结

⑥剪齐

编织方法

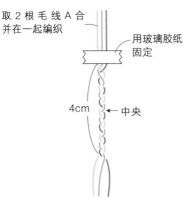

取 2 根毛线 A 合
并在一起编织

用玻璃胶纸
固定

4cm ← 中央

在毛线的中点处编
织 4cm 的三股辫

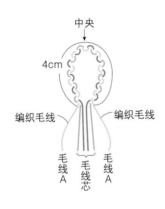

中央

4cm

编织毛线　编织毛线

毛线
A

毛线
芯

毛线
A

用毛线 A 做
平接结编织

毛线的排列方法

平接结编织

A　B C B　A

编织方法

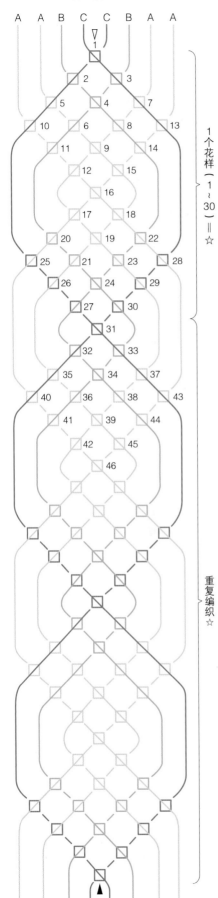

◎ 9-12 所使用的共同材料
cosmos 刺绣毛线 #25

◎ 9 所需材料
毛线 A　米色（1000）250cm×1 根
毛线 B　红色（346）95cm×4 根
毛线 C　红色（346）75cm×2 根

◎ 10 所需材料
毛线 A　深绿色（537）250cm×1 根
毛线 B　橙色（405）95cm×4 根
毛线 C　橙色（405）75cm×2 根

◎ 11 所需材料
毛线 A　白色（500）250cm×1 根
毛线 B　蓝色（216）95cm×4 根
毛线 C　蓝色（216）75cm×2 根

◎ 12 所需材料
毛线 A　红紫色（225）250cm×1 根
毛线 B　淡蓝色（2251）95cm×4 根
毛线 C　淡蓝色（2251）75cm×2 根

编织顺序

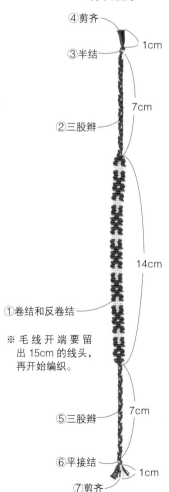

④剪齐
1cm
③半结
②三股辫
7cm
①卷结和反卷结
14cm
※ 毛线开端要留
　出 15cm 的线头，
　再开始编织。
⑤三股辫
7cm
⑥平接结
1cm
⑦剪齐

编织方法

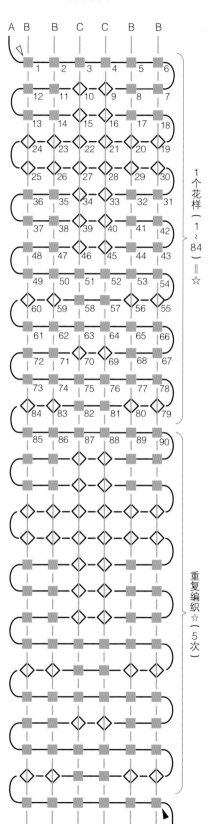

1个花样（1~84）＝☆

重复编织☆（5次）

◎ 16・17 所使用的共同材料
cosmos 刺绣毛线 #25

◎ 16 所需材料
毛线 A　深绿色（537）145cm×2 根
毛线 B　灰白色（365）65cm×2 根
毛线 C　深灰色（895）90cm×2 根
毛线 D　灰白色（365）120cm×2 根

◎ 17 所需材料
毛线 A　深砖红色（467）145cm×2 根
毛线 B　蓝色（375）65cm×2 根
毛线 C　灰色（893）90cm×2 根
毛线 D　蓝色（375）120cm×2 根

编织顺序

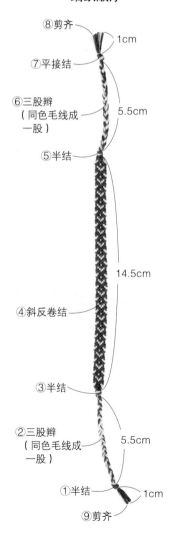

⑧剪齐
1cm
⑦平接结
⑥三股辫
（同色毛线成
一股）
5.5cm
⑤半结
④斜反卷结
14.5cm
③半结
②三股辫
（同色毛线成
一股）
5.5cm
①半结
1cm
⑨剪齐

◎ 21·22 所使用的共同材料

MOCO〈摩安珂〉

◎ 21 所需材料

毛线 A 粉色（814）200cm×2 根
毛线 B 粉色（814）80cm×4 根

◎ 22 所需材料

毛线 A 黄色（806）200cm×2 根
毛线 B 黄色（806）80cm×4 根

毛线（A）的剪裁方法

在毛线颜色左右对称的位置将毛线对折

编织方法

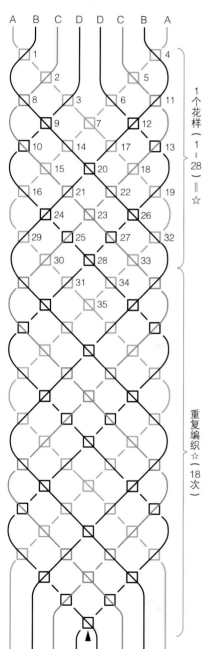

A B C D D C B A

1个花样（1～28）＝☆

重复编织☆（18次）

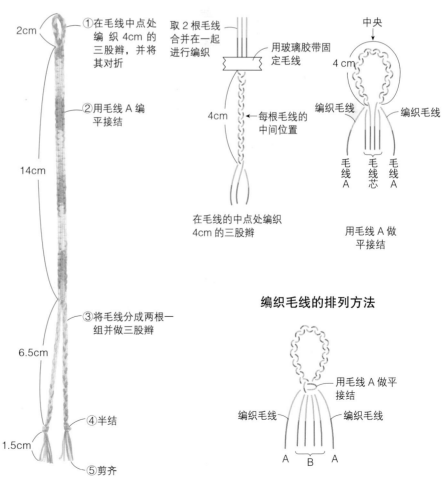

编织顺序

①在毛线中点处编织 4cm 的三股辫，并将其对折

2cm

②用毛线 A 编平接结

14cm

③将毛线分成两根一组并做三股辫

6.5cm

④半结

1.5cm

⑤剪齐

编织起点的编织方法

取 2 根毛线合并在一起进行编织

用玻璃胶带固定毛线

4cm

每根毛线的中间位置

在毛线的中点处编织 4cm 的三股辫

中央

4 cm

编织毛线   编织毛线

毛线 A   毛线芯   毛线 A

用毛线 A 做平接结

编织毛线的排列方法

用毛线 A 做平接结

编织毛线   编织毛线

A B A

◎ 13~15 所使用的共同材料
cosmos 刺绣毛线 #25

◎ 13 所需材料
毛线 A 深藏青色（669A）290cm×1 根
毛线 B 浅绿色（671）90cm×6 根

◎ 14 所需材料
毛线 A 深灰色（477）290cm×1 根
毛线 B 浅粉色（221）90cm×6 根

◎ 15 所需材料
毛线 A 绿色（566）290cm×1 根
毛线 B 深橙色（758）90cm×6 根

编织方法

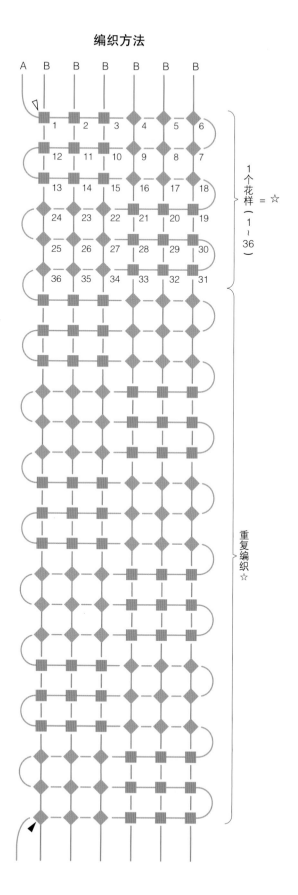

编织顺序

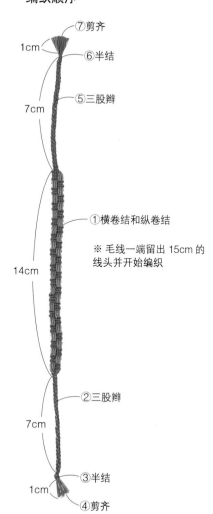

⑦剪齐
1cm
⑥半结
⑤三股辫
7cm
①横卷结和纵卷结
※ 毛线一端留出 15cm 的线头并开始编织
14cm
②三股辫
7cm
③半结
1cm
④剪齐

◎ 18~20 所使用的共同材料
手链专用毛线

◎ 18 所需材料
毛线 A　紫色（157）160cm×1 根
毛线 B　粉色（156）140cm×1 根
毛线 C　紫色（157）70cm×1 根

◎ 19 所需材料
毛线 A　绿色（163）210cm×1 根
毛线 B　绿色（163）70cm×1 根
毛线 C　绿色（163）70cm×1 根

◎ 20 所需材料
毛线 A　浅蓝色（161）150cm×1 根
毛线 B　蓝色（160）150cm×1 根
毛线 C　蓝色（160）70cm×1 根

编织起点的编织方法

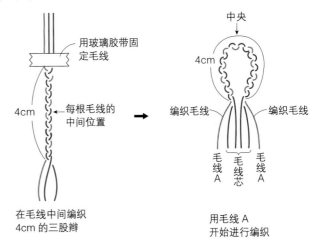

用玻璃胶带固定毛线

每根毛线的中间位置

4cm

在毛线中间编织 4cm 的三股辫

中央

4cm

编织毛线　编织毛线

毛线 A　毛线芯　毛线 A

用毛线 A 开始进行编织

编织顺序

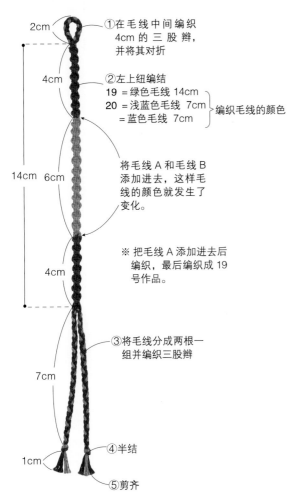

2cm

4cm

14cm　6cm

4cm

7cm

1cm

① 在毛线中间编织 4cm 的三股辫，并将其对折

② 左上纽编结
19 = 绿色毛线 14cm
20 = 浅蓝色毛线 7cm
　 = 蓝色毛线 7cm
｝编织毛线的颜色

将毛线 A 和毛线 B 添加进去，这样毛线的颜色就发生了变化。

※ 把毛线 A 添加进去后编织，最后编织成 19 号作品。

③ 将毛线分成两根一组并编织三股辫

④ 半结

⑤ 剪齐

编织毛线的排列方法

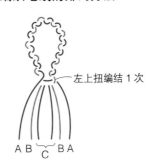

左上扭编结 1 次

A B 　C 　B A

左上扭编结的编织方法详见 72 页。

◆该编织作品的编织重点注意事项

编织左上扭编结过程中，用手握住毛线芯并将结点往上拉紧。（做平接结的时候也一样）我们可以通过将结点拉紧的方法来保持扭编结的均匀，整齐。

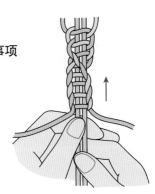

串珠 & 配饰搭配编织
而成的俏丽手链

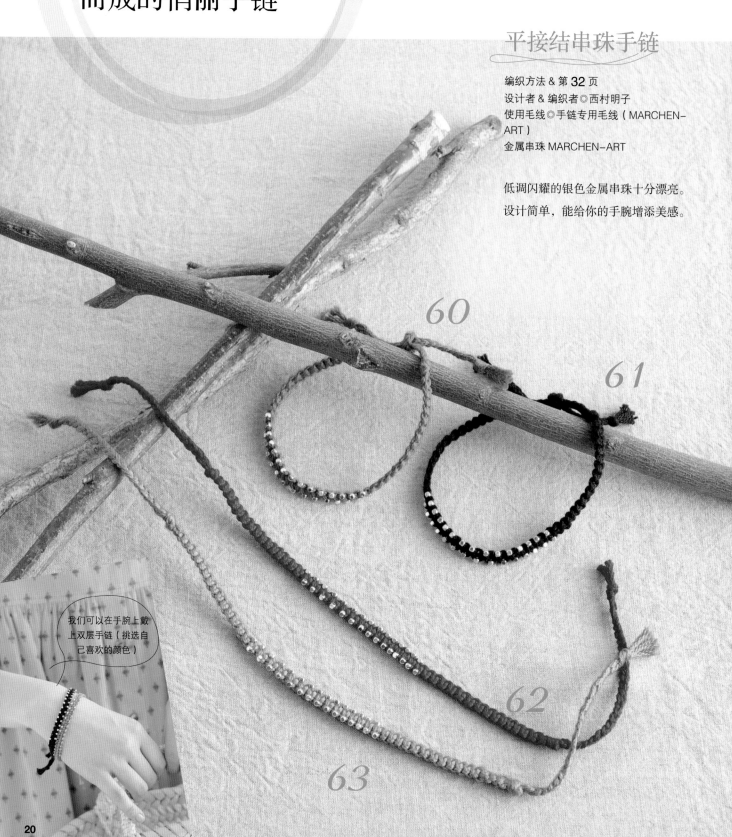

平接结串珠手链

编织方法 & 第 **32** 页
设计者 & 编织者◎西村明子
使用毛线◎手链专用毛线（MARCHEN-ART）
金属串珠 MARCHEN-ART

低调闪耀的银色金属串珠十分漂亮。
设计简单，能给你的手腕增添美感。

60

61

我们可以在手腕上戴
上双层手链（挑选自
己喜欢的颜色）

62

63

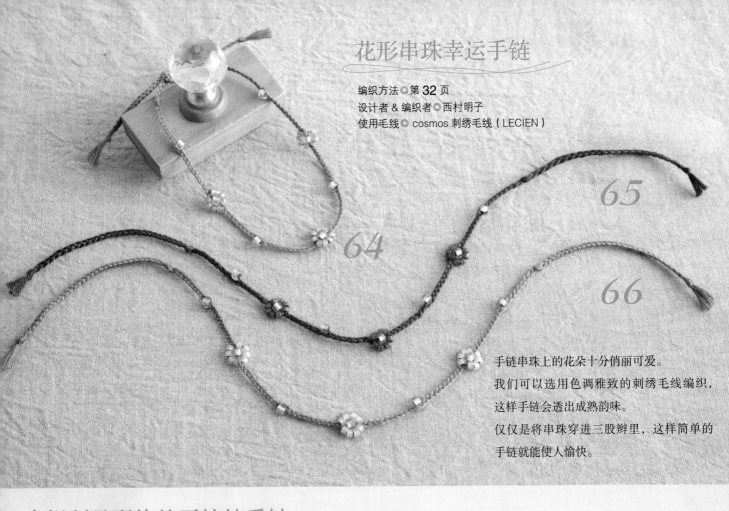

花形串珠幸运手链

编织方法◎第 **32** 页
设计者 & 编织者◎西村明子
使用毛线◎ cosmos 刺绣毛线（LECIEN）

64

65

66

手链串珠上的花朵十分俏丽可爱。
我们可以选用色调雅致的刺绣毛线编织，
这样手链会透出成熟韵味。
仅仅是将串珠穿进三股辫里，这样简单的
手链就能使人愉快。

有锡制品配饰的平接结手链

编织方法◎第 28 页
设计者 & 编织者◎西村明子
使用毛线◎ ROMANCE CORD 极细（MARCHEN－ART）
仿古金色锡制品・仿古铜色配饰 MARCHEN－ART

67

68

将 3 颗锡制品配饰均匀地装饰上去，用平接结编织而成的手链。
我们可以根据自己的喜好调整手链的长度。
谨慎选用编织毛线，让编织结点更漂亮一些。

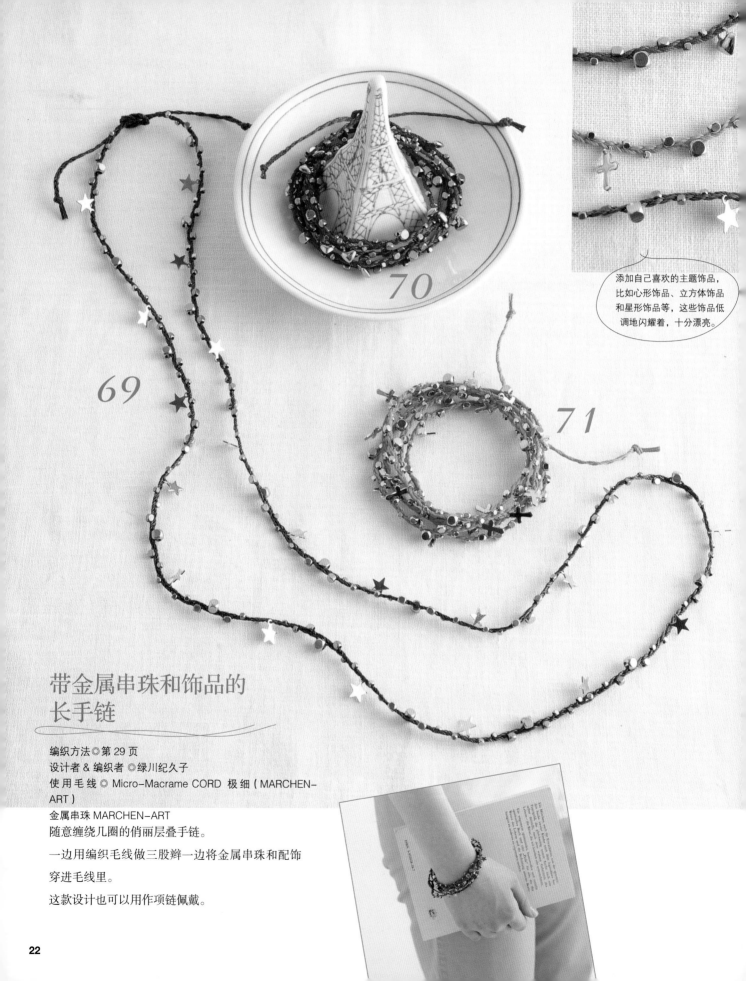

添加自己喜欢的主题饰品，
比如心形饰品、立方体饰品
和星形饰品等，这些饰品低
调地闪耀着，十分漂亮。

69

70

71

带金属串珠和饰品的
长手链

编织方法◎第 29 页
设计者 & 编织者◎绿川纪久子
使用毛线◎Micro-Macrame CORD 极细（MARCHEN-ART）
金属串珠 MARCHEN-ART
随意缠绕几圈的俏丽层叠手链。
一边用编织毛线做三股辫一边将金属串珠和配饰
穿进毛线里。
这款设计也可以用作项链佩戴。

皮革以及钻石线三股辫手链

编织方法◎第 30 页
设计者 & 编织者◎绿川纪久子
使用毛线◎粗皮革线（MARCHEN-ART）

将 2 色的粗皮革线和钻石线编织成三股辫。
我们绝对会为闪闪发光的钻石线而惊呆。
即便只用 1 根也能够撑起整款设计。

即便编织设计简单，成品却散发出华丽的气息。

72

73

金色与银色三股辫手链

编织方法◎第 33 页
设计者 & 编织者◎绿川纪久子
使用毛线◎不锈钢毛线（MARCHEN-ART）
金属串珠 MARCHEN-ART

这款手链的主角不锈钢毛线虽然只是毛线，但是
却像金属一样闪亮。
串珠跟毛线同色，素材统一感十分强烈。
这款手链有 2 圈，看上去十分闪亮。

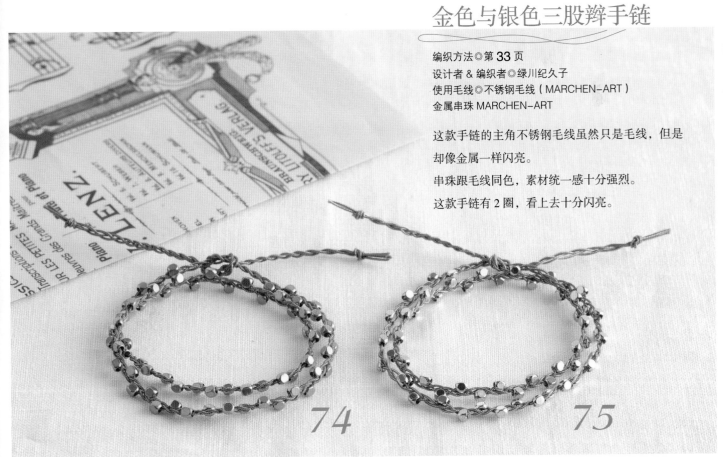

74

75

只要一想到编织毛线和
配饰的组合就能给人带
来愉悦的心情。

彩色珠宝手链

编织方法◎第 31 页
设计者 & 编织者◎西村明子
使用毛线◎ cosmos 刺绣毛线（LECIEN）

颜色各异，花样可爱的刺绣编织毛线，再加上铆钉配饰和
珠宝配饰，手链一改质朴气质，变得俏丽高贵。
如果你有自己喜欢的配饰，也可以用它来编织手链。

76

77

78

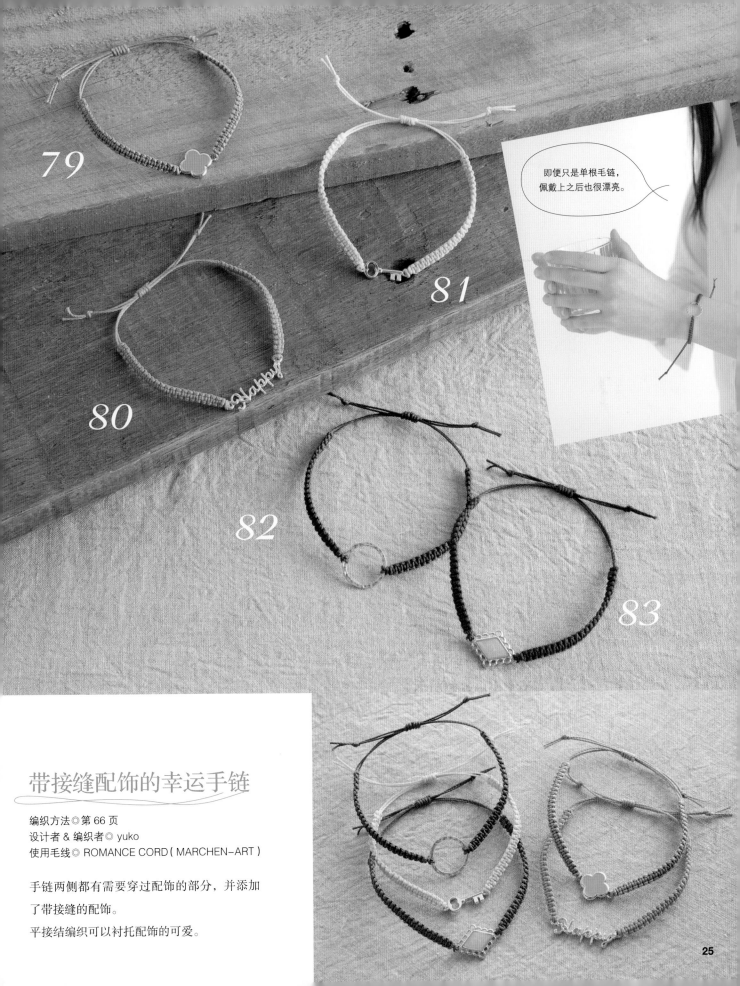

即便只是单根毛链，
佩戴上之后也很漂亮。

带接缝配饰的幸运手链

编织方法◎第 66 页
设计者 & 编织者◎ yuko
使用毛线◎ ROMANCE CORD（MARCHEN-ART）

手链两侧都有需要穿过配饰的部分，并添加
了带接缝的配饰。
平接结编织可以衬托配饰的可爱。

只需将喜欢的配饰穿过即可！
这是一款设计简单的手链！

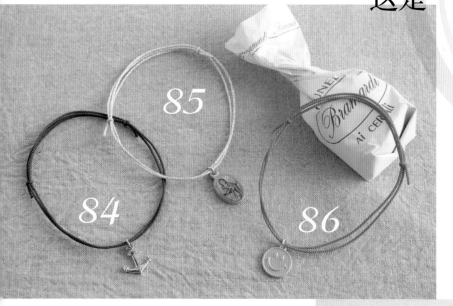

带小饰物的手链

编织方法◎第 **66** 页

设计者 & 编织者◎ Sarashina amy

使用毛线◎ ASIAN CORD 极细 (MARCHEN–ART)

我们只需将自己喜欢的小饰物穿过编织毛线即可！

这款设计编织时间短，推荐初学者学习。

香奈尔宝石手链

编织方法◎第 **67** 页

设计者 & 编织者◎ Sarashina amy

使用毛线◎ ASIAN CORD 极细 (MARCHEN–ART)

手链添加了带雅致光芒的香奈尔宝石。

编织毛线的颜色与香奈尔宝石的颜色搭配恰到好处。

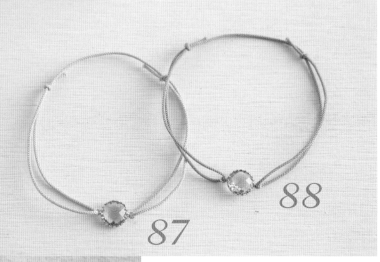

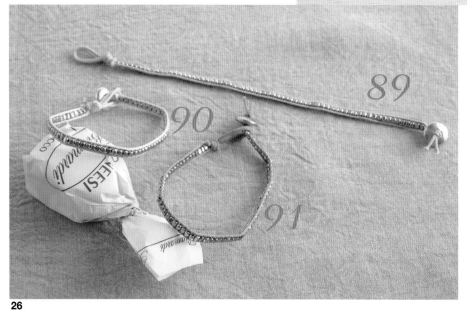

添加可拆卸配饰的
幸运手链

编织方法◎第 **67** 页

设计者 & 编织者◎ Sarashina amy

使用毛线◎ 可拆卸配饰 (MARCHEN–ART)

串珠穿过毛线，并添加上可拆卸配饰编

制而成的手链。

只需将可拆卸配饰穿上即可完成整件

作品。

编制层叠手链的技巧

Arrange 1 »

no.70 + .no.88

洋红色层叠手链，搭配串珠和小饰品，能
够让人感觉到饰品带来的愉悦感。
我们可以在手链里面添加一条简单的绿色
链作为点缀。

« *Arrange 2*

no.91 + .no.99 + .no.161

这款手链选用了亲肤的亚麻及天
然石等素材。整款搭配充满自然
气息。

Arrange 3 »

no.78 + .no.85

富有韵律感的珠宝手链，层
叠戴法加上纤细的幸运手
链，整款手链女人味十足。

« *Arrange 5*

no.17 + .no.72 + .no.84

色调搭配让手链整体显得
雅致。如果同色系的手链
层叠在一起，也能呈现一
种整洁感。

Arrange 4 »

no.41 + .no.45 + .no.86

这款手链的重点在于流行色调的
层叠搭配。
各色设计层叠搭配在一起，手链
时髦感十足。

◎ 67 所需材料
ROMANCE CORD 极细
　毛线 A　绿色（864）60cm×2 根
　毛线 B　绿色（864）140cm×1 根
仿古金色布托尔串珠（AC435）3 颗

◎ 68 所需材料
ROMANCE CORD 极细
　毛线 A　米色（853）60cm×2 根
　毛线 B　米色（853）140cm×1 根
仿古铜色布托尔串珠（AC1205）3 颗

平接结编织毛线的添加方法

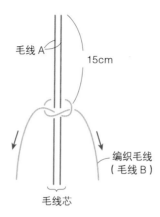

毛线 A

15cm

编织毛线
（毛线 B）

毛线芯

结点在反面缠绕收结

穿串珠的方法

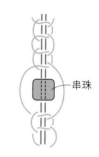

串珠

将串珠穿过 2 根毛线芯

反手结

一根编织毛线挂在另一根编织毛线上，按照编半结的要领编织。
无论有多少编织毛线，编织方法都是相同的。

1　2　3

编织顺序

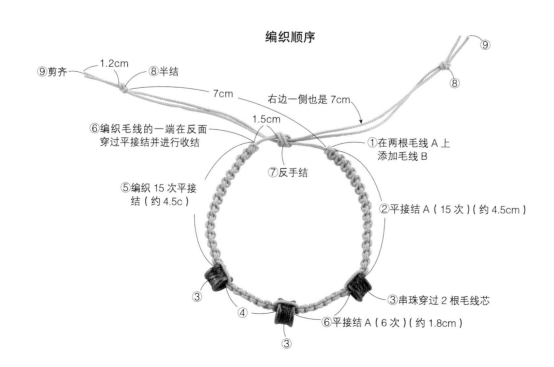

⑨剪齐　1.2cm　⑧半结
⑨
7cm　右边一侧也是 7cm
⑧
⑥编织毛线的一端在反面穿过平接结并进行收结
1.5cm
①在两根毛线 A 上添加毛线 B
⑦反手结
⑤编织 15 次平接结（约 4.5c）
②平接结 A（15 次）（约 4.5cm）
③
③串珠穿过 2 根毛线芯
④
⑥平接结 A（6 次）（约 1.8cm）
③

◎ 69 所需材料
Micro-Macrame CORD 蓝色（1448）150cm×3 根
串珠 仿古金色
　4mm（AC1429）21 颗
　3mm（AC1427）42 颗
　2mm（AC1425）84 颗
星星配饰 20 个

◎ 70 所需材料
Micro-Macrame CORD 洋红色（1446）150cm×3 根
串珠 仿古金色
　4mm（AC1429）21 颗
　3mm（AC1427）42 颗
　2mm（AC1425）84 颗
心形配饰 20 个

◎ 71 所需材料
Micro-Macrame CORD 鼠尾草色（1450）150cm×3 根
串珠 银色
　4mm（AC1429）21 颗
　3mm（AC1427）42 颗
　2mm（AC1425）84 颗
立方体配饰 20 件

穿配饰的方法

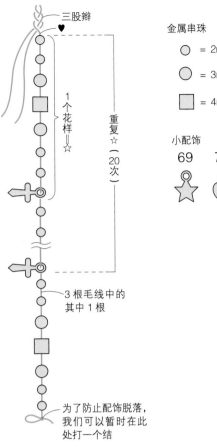

三股辫

♥

1 个花样 = ☆

重复☆（20 次）

3 根毛线中的
其中 1 根

为了防止配饰脱落，
我们可以暂时在此
处打一个结

金属串珠

○ = 2mm 84 颗

○ = 3mm 42 颗

□ = 4mm 21 颗

小配饰

69　　70　　71

20 件

编织顺序

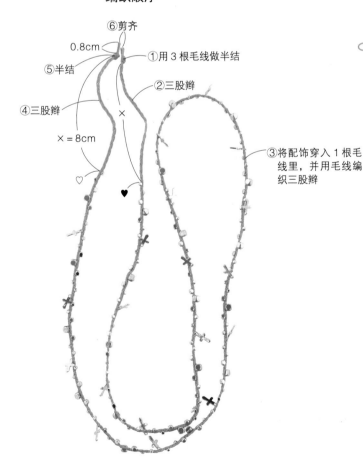

⑥剪齐
0.8cm
⑤半结
④三股辫
× = 8cm
♡

①用 3 根毛线做半结
②三股辫
③将配饰穿入 1 根毛
线里，并用毛线编
织三股辫

×

♥

从♥到♡的长度＝大约 90cm

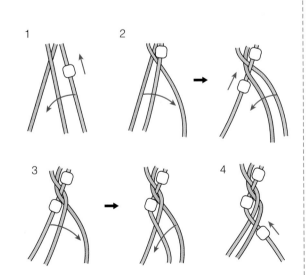

三股辫（穿配饰时）

1　　2

3　　4

将每根穿过配饰的毛线交叉，并将配饰往上拉（配饰会出现
在交叉三股辫的左右两侧）。

◎ 72 所需材料

粗皮革线

毛线 A 绿色（1297）60cm×2根

毛线 B 藏青色（1296）60cm×2根

毛线 C 藏青色（1296）20cm×2根

毛线 D 藏青色（1296）40cm×1根

串珠 银色 4mm（AC1430）2颗

钻石线（#110）3mm 宽 银色 46节×1根

链子 3mm 宽 银色 2颗

◎ 73 所需材料

粗皮革线

毛线 A 橙色（1293）60cm×2根

毛线 B 洋红色（1294）60cm×2根

毛线 C 洋红色（1294）20cm×2根

毛线 D 洋红色（1294）40cm×1根

串珠 银色 4mm(AC1429)2颗

钻石线（#110）3mm 宽 金色 46节×1根

链子 3mm 宽 金色 2颗

编织起点的编织方法

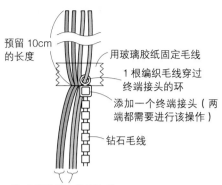

预留 10cm 的长度

用玻璃胶纸固定毛线

1根编织毛线穿过终端接头的环

添加一个终端接头（两端都需要进行该操作）

钻石毛线

取 2 根毛线，分别为毛线 A 和毛线 B

三股辫

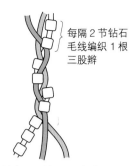

每隔 2 节钻石毛线编织 1 根三股辫

编完三股辫后，1 根编织毛线穿过终端接头的环

双套结

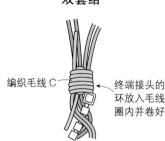

编织毛线 C

终端接头的环放入毛线圈内并卷好

毛线的添加方法（编织平接结时）

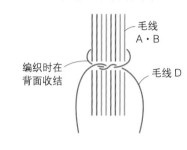

毛线 A·B

编织时在背面收结

毛线 D

平接结的编织方法

以毛线 A、B 为芯，用毛线 D 编织平接结

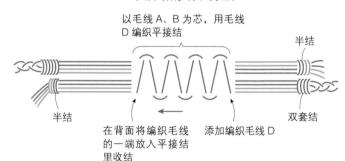

半结

半结

双套结

在背面将编织毛线的一端放入平接结里收结

添加编织毛线 D

编织顺序

链子的连接方法

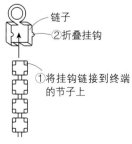

链子

②折叠挂钩

①将挂钩链接到终端的节子上

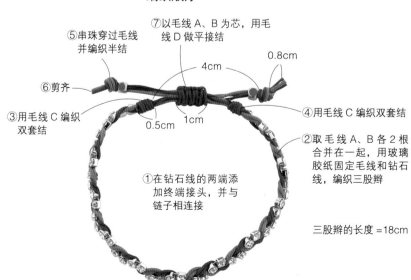

⑤串珠穿过毛线并编织半结

⑦以毛线 A、B 为芯，用毛线 D 做平接结

⑥剪齐

③用毛线 C 编织双套结

0.8cm

4cm

1cm

0.5cm

④用毛线 C 编织双套结

②取毛线 A、B 各 2 根合并在一起，用玻璃胶纸固定毛线和钻石线，编织三股辫

①在钻石线的两端添加终端接头，并与链子相连接

三股辫的长度 =18cm

◎ 76 所需材料

cosmos 刺绣毛线（LECIEN）#25

毛线 A 深藏青色（169）120cm×2 根
毛线 B 蓝色（415A）120cm×2 根
毛线 C 红色（800）120cm×2 根
毛线 D 深橙色（406）100cm×2 根
毛线 E 浅绿色（821）100cm×2 根
星形铆钉（10mm）5 颗

◎ 77 所需材料

cosmos 刺绣毛线（LECIEN）#25

毛线 A 焦茶色（312）120cm×2 根
毛线 B 青绿色（376）120cm×2 根
毛线 C 黄绿色（673）120cm×2 根
毛线 D 柠檬色（835）100cm×2 根
毛线 E 灰白色（364）100cm×2 根
用于连接的石头饰品（15×7mm）
　紫色 3 颗　水晶 2 颗

◎ 78 所需材料

cosmos 刺绣毛线（LECIEN）#25

毛线 A 深绿色（687）120cm×2 根
毛线 B 紫色（287）120cm×2 根
毛线 C 红色（346）120cm×2 根
毛线 D 金黄色（703）100cm×2 根
毛线 E 浅黄绿色（630A）100cm×2 根
用于连接的石头饰品（13×10mm）
浅绿色 2 个　粉色 1 个

编织方法

= 左右梭结

持续往右上方向编织

编织顺序

⑨剪齐
1cm
①半结
7cm
②三股辫
③半结
④斜卷结与左右
　梭结
14cm
⑩将配饰添加在自
　己喜欢的位置
⑤半结
⑥三股辫
7cm
⑦半结
1cm
⑧剪齐

在此处连接配饰

77　78

持续往右上方向编织

31

◎ 60 所需材料
手链专用毛线
　　毛线 A　蓝色（160）120cm×2 根
　　毛线 B　蓝色（160）60cm×2 根
串珠 银色 2mm（AC1426）30 颗

◎ 61 所需材料
手链专用毛线
　　毛线 A　黑色（168）120cm×2 根
　　毛线 B　黑色（168）60cm×2 根
串珠 银色 2mm（AC1426）30 颗

◎ 62 所需材料
手链专用毛线
　　毛线 A　米色（165）120cm×2 根
　　毛线 B　米色（165）60cm×2 根
串珠 银色 2mm（AC1426）30 颗

※ 由于串珠很难穿过手链专用毛线，所以我们要使用黏着剂固定
　　毛线两端。

◎ 64 所需材料
cosmos 刺绣毛线（LECIEN）#25
　　青绿色（375）60cm×3 根
特大串珠 透明无光泽 7 颗
圆形串珠 淡蓝色 24 颗

◎ 65 所需材料
cosmos 刺绣毛线（LECIEN）#25
　　红紫色（435）60cm×3 根
特大串珠 透明无光泽 7 颗
圆形串珠 红紫色 24 颗

◎ 66 所需材料
cosmos 刺绣毛线（LECIEN）#25
　　绿色（2535）60cm×3 根
特大串珠 透明无光泽 7 颗
圆形串珠 浅绿色 24 颗

编织顺序

1cm　⑪ 剪齐
　　　① 半结

7cm　② 三股辫（分 2 根
　　　　毛线与 1 根毛线）

　　　③ 半结

5.5cm　④ 平接结（毛线 A）

　　　⑤ 串珠穿过编织毛线 A，
　　　　并编织平接结 A

6.5cm

　　　⑥ 平接结 A

5.5cm

　　　⑦ 半结

7cm　⑧ 三股辫（分 2 根毛线
　　　　与 1 根毛线）

　　　⑨ 半结

　　　⑩ 剪齐

穿串珠的方法

串珠

1次

左右各 15 个串珠

毛线 A　毛线芯（毛线 B）　毛线 A

每编织 0.5 次平接结
就交叉穿入 1 颗串珠

编织顺序

1cm　⑮ 剪齐
　　　① 半结

7cm　② 三股辫

　　　③ 半结

　　　④ 三股辫 20cm
　　　⑤ 加入特大串珠

　　　⑥ 三股辫 20cm　　重复两次

　　　⑦ 加入特大串珠
　　　　和圆形串珠

19～20cm

　　　⑧ 三股辫 20cm
　　　⑨ 加入特大串珠

　　　⑩ 三股辫 20cm

　　　⑪ 半结

7cm　⑫ 三股辫

1cm　⑬ 半结

　　　⑭ 剪齐

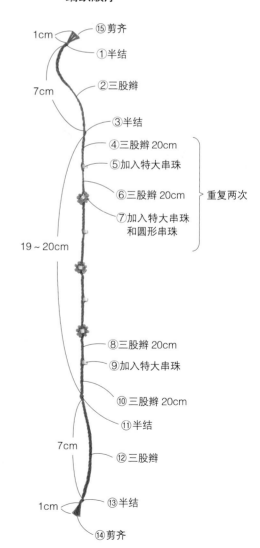

◎ 74 所需材料
不锈钢毛线 仿古金色（711）70cm×3 根
串珠 金色 3mm（AC1427）60 颗

◎ 75 所需材料
不锈钢毛线 仿古银色（712）70cm×3 根
串珠 银色 3mm（AC1428）60 颗

穿串珠的方法

穿特大串珠的方法

特大串珠

将特大串珠穿过 1 根编织毛
线，并继续编织三股辫。

穿特大串珠和圆形串珠

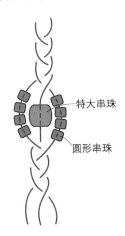

特大串珠

圆形串珠

将特大串珠穿过三股辫中间的
毛线，并将圆形串珠穿进两侧
的毛线，每一侧各穿 4 颗。

编织顺序

※60 颗串珠穿过 1 根
毛线。

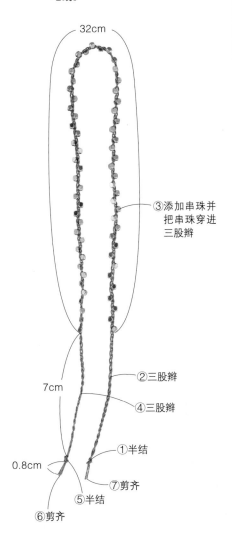

32cm

③添加串珠并
把串珠穿进
三股辫

②三股辫

④三股辫

7cm

①半结

⑦剪齐

0.8cm

⑤半结

⑥剪齐

三股辫
（添加配饰时）

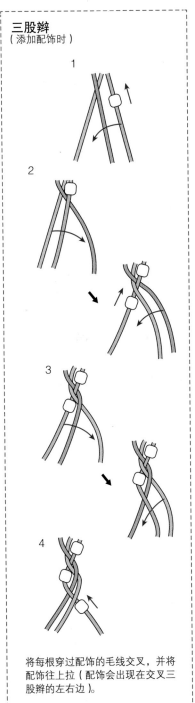

1

2

3

4

将每根穿过配饰的毛线交叉，并将
配饰往上拉（配饰会出现在交叉三
股辫的左右边）。

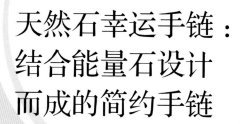

天然石幸运手链：
结合能量石设计
而成的简约手链

刺绣毛线与天然石搭配
编织而成的护身幸运手链

编织方法◎第 **38** 页
设计者 & 编织者◎ hiro
使用毛线◎ cosmos 刺绣毛线（LECIEN）

精美的刺绣毛线编织成的幸运手链，手链中间的颜色富有层次，十分协调，搭配天然石串珠。我们可以根据自己的心愿选择合适的天然石。

92
海蓝宝石◎治愈效果

93
粉水晶宝石◎提升恋爱运

94
翡翠◎提升精神力

95
黄水晶宝石◎提升财运

碎石平接结幸运手链

编织方法◎第 40 页
设计者 & 编织者◎ marchen-art studio
使用毛线◎ HEMP TWINE 细线（MARCHEN-ART）

碎石自然的气质与亚麻毛线的
搭配十分协调。

96
粉色珊瑚◎提升旅行运

天然石和亚麻的色泽组合可以说是
最出色的。
简单的平接结衬托出碎石。
如此明亮的设计让春夏的活力尽显。

98
霰石◎提升 人际关系 & 恋爱运

97
绿松石◎提升友情运

99
希望石◎提升健康运

恰到好处的韵律感

100
柠檬水苍玉◎帮助放松

101
金丝玛瑙◎提高忍耐力

102
粉水晶◎提升恋爱运

左右结幸运手链

编织方法◎第**39**页
设计者＆编织者◎ marchen–art studio
使用毛线◎ HEMP TWINE 细线（MARCHEN–ART）

这款幸运手链巧妙地搭配了天然宝石，左右结
的中间嵌入宝石。
自然气质的亚麻与天然石的搭配十分协调。

扭编结层叠幸运后链

编织方法◎第 **40** 页
设计者 & 编织者◎ ROMANCE CORD（MARCHEN-ART）
提供能量石与 6mm 规格圆形串珠的 MARCHEN-ART 毛线。

运用稳重的深色，这是一款富有魅力的
幸运手链。
能量石隐藏在手链里面，承载着人们心
中的愿望。

104
猫眼石◎提升财运

103
水晶◎净化作用 & 提升能量

105
蔷薇辉石◎减轻压力◎协调人际关系

106
天青石◎提升能力 & 帮助成就学业

107
紫晶◎家庭圆满 & 成就恋爱

编织方法

◎ 92 所需材料
cosmos 刺绣毛线（LECIEN）#25 Seasons
　毛线 A　蓝色毛线 渐变（8057）100cm×6 根
　毛线 B　藏青色（735）100cm×2 根
能量石 圆形 6mm 海蓝宝石 1 颗

◎ 93 所需材料
cosmos 刺绣毛线（LECIEN）#25 Seasons
　毛线 A　粉色毛线 渐变（8007）100cm×6 根
　毛线 B　粉色（2105）100cm×2 根
能量石 圆形 8mm 粉水晶 1 颗

◎ 94 所需材料
cosmos 刺绣毛线（LECIEN）#25 Seasons
　毛线 A　绿色 渐变（8023）100cm×6 根
　毛线 B　深绿色（537）100cm×2 根
能量石 圆形 8mm 翡翠 1 颗

◎ 95 所需材料
cosmos 刺绣毛线（LECIEN）#25 Seasons
　毛线 A　黄色毛线 渐变（8032）100cm×6 根
　毛线 B　芥末色（703）100cm×2 根
能量石 圆形 8mm 黄水晶 1 颗

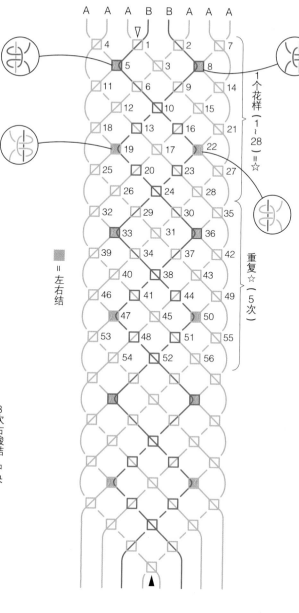

■ = 左右结

编织顺序

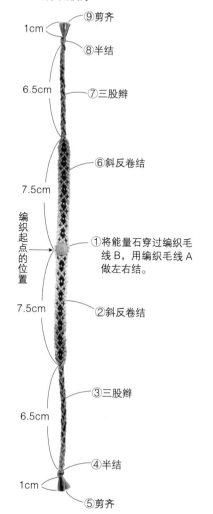

⑨剪齐
⑧半结
⑦三股辫
⑥斜反卷结
①将能量石穿过编织毛线 B，用编织毛线 A 做左右结。
②斜反卷结
③三股辫
④半结
⑤剪齐

1cm
6.5cm
7.5cm
编织起点的位置
7.5cm
6.5cm
1cm

编织起点的编织方法

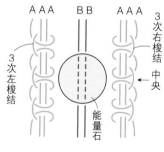

A A A　B B　A A A

3 次左梭结
3 次右梭结
中央
能量石

◎ 57 所需材料
cosmos 刺绣毛线（LECIEN）#25
　毛线 A 绿色（318）70cm×1 根
　毛线 B 粉色（222）70cm×1 根
圆形金色纽扣零件 12mm 1 颗

◎ 58 所需材料
cosmos 刺绣毛线（LECIEN）#25
　毛线 A 浅粉色（351）100cm×1 根
　毛线 B 浅紫色（173）100cm×1 根
圆形金色纽扣零件 12mm 1 颗

◎ 59 所需材料
cosmos 刺绣毛线（LECIEN）#25
　毛线 A 蓝色（214）100cm×1 根
　毛线 B 浅黄色（297）100cm×1 根
圆形银色纽扣零件 12mm 1 颗

第36页 *100~102*

◎ **100 所需材料**
HEMP TWINE 中细 纯色（361）150cm×2 根
圆形能量石 6mm 柠檬水苍玉（AC582）24 颗

◎ **101 所需材料**
HEMP TWINE 中细 纯色（361）150cm×2 根
圆形能量石 6mm 金丝玛瑙（AC284）24 颗

◎ **102 所需材料**
HEMP TWINE 中细 纯色（361）150cm×2 根
圆形能量石 6mm 粉水晶（AC284）24 颗

编织起点的编织方法

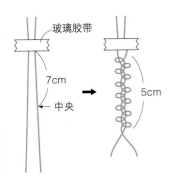

用玻璃胶带固定，间隔 7cm 开始编织
5cm 的左右结

编织方法

1

将 5cm 的左右结对折编织平接结，并将其分成两股各编织 1 次左右结。

2

串珠穿过内侧编织毛线，并用编织编织 1 次左右结。类似操作重复 24 次，最后编织 1 次平接结。

♥ = 用接续线固定内侧毛线端

编织顺序

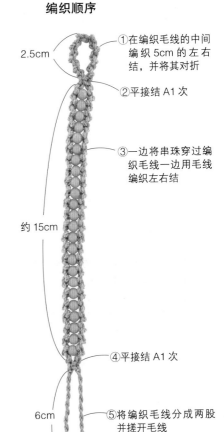

2.5cm

① 在编织毛线的中间编织 5cm 的左右结，并将其对折

② 平接结 A1 次

③ 一边将串珠穿过编织毛线一边用毛线编织左右结

约 15cm

④ 平接结 A1 次

⑤ 将编织毛线分成两股并搓开毛线

6cm

⑥ 半结

0.5cm

⑦ 剪齐

编织起点的编织方法

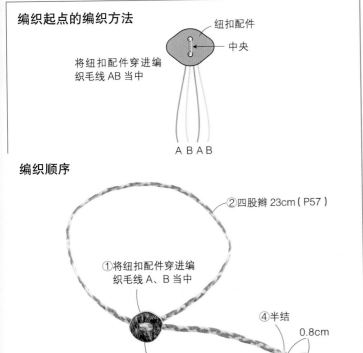

纽扣配件
中央

将纽扣配件穿进编织毛线 AB 当中

A B A B

编织顺序

② 四股辫 23cm（P57）

① 将纽扣配件穿进编织毛线 A、B 当中

③ 将纽扣配件穿进四股辫当中

④ 半结
0.8cm
⑤ 剪齐

左右结

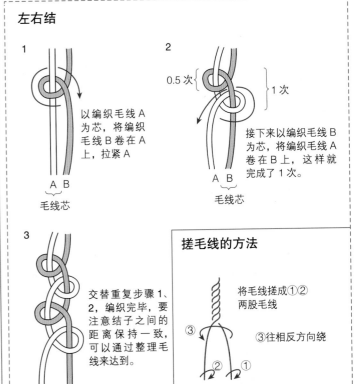

1

以编织毛线 A 为芯，将编织毛线 B 卷在 A 上，拉紧 A

A B
毛线芯

2

0.5 次 } 1 次

接下来以编织毛线 B 为芯，将编织毛线 A 卷在 B 上，这样就完成了 1 次。

A B
毛线芯

3

交替重复步骤 1、2，编织完毕，要注意结子之间的距离保持一致，可以通过整理毛线来达到。

搓毛线的方法

将毛线搓成①②两股毛线

③往相反方向绕

39

◎ 96 所需材料
HEMP TWINE 细线
　　毛线 A　洋苏木（344）100cm×2 根
　　毛线 B　洋苏木（344）50cm×2 根
能量石 碎石类 粉珊瑚（AC603）21 颗

◎ 97 所需材料
HEMP TWINE 细线
　　毛线 A　黄芩（341）100cm×2 根
　　毛线 B　黄芩（341）50cm×2 根
能量石 碎石类 绿松石（AC405）16 颗

◎ 98 所需材料
HEMP TWINE 细线
　　毛线 A　艾草色（345）100cm×2 根
　　毛线 B　艾草色（345）50cm×2 根
能量石 碎石类 霰石（AC601）16 颗

◎ 99 所需材料
HEMP TWINE 细线
　　毛线 A　艾草色（345）200cm×2 根
　　毛线 B　艾草色（345）120cm×2 根
能量石 碎石类 希望石（AC802）17 颗

◎ 103 所需材料
ROMANCE CORD 极细
　　毛线 A　藏青色（855）100cm×2 根
　　毛线 B　藏青色（855）50cm×1 根
能量石 圆形 6mm 水晶（AC281）3 颗

◎ 104 所需材料
ROMANCE CORD 极细
　　毛线 A　橙色（865）100cm×2 根
　　毛线 B　橙色（865）50cm×1 根
能量石 圆形 6mm 猫眼石（AC283）3 颗

◎ 105 所需材料
ROMANCE CORD 极细
　　毛线 A　栗子色（854）100cm×2 根
　　毛线 B　栗子色（854）50cm×1 根
能量石 圆形 6mm 蔷薇辉石（AC383）3 颗

◎ 106 所需材料
ROMANCE CORD 极细
　　毛线 A　苔绿色（868）100cm×2 根
　　毛线 B　苔绿色（868）50cm×1 根
能量石 圆形 6mm 天青石（AC389）3 颗

◎ 107 所需材料
ROMANCE CORD 极细
　　毛线 A　胭脂色（867）100cm×2 根
　　毛线 B　胭脂色（867）50cm×1 根
能量石 圆形 6mm 紫水晶（AC386）3 颗

编织顺序

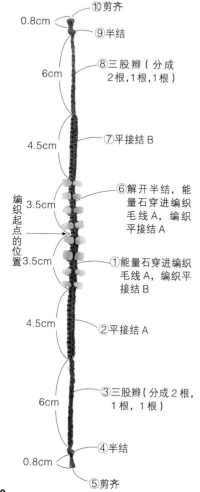

⑩剪齐
0.8cm
⑨半结
⑧三股辫（分成 2 根,1 根,1 根）
6cm
⑦平接结 B
4.5cm
⑥解开半结，能量石穿进编织毛线 A，编织平接结 A
编织起点的位置 3.5cm
3.5cm
①能量石穿进编织毛线 A，编织平接结 B
②平接结 A
4.5cm
③三股辫（分成 2 根,1 根,1 根）
6cm
④半结
0.8cm
⑤剪齐

编织起点的编织方法与能量石的穿线方法

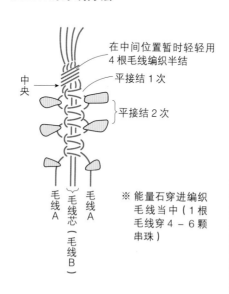

在中间位置暂时轻轻用 4 根毛线编织半结
平接结 1 次
平接结 2 次
中央
毛线 A
毛线 A
毛线芯（毛线 B）

※ 能量石穿进编织毛线当中（1 根毛线穿 4 - 6 颗串珠）

每编织 2 次平接结就穿 1 个串珠

穿串珠的方法

串珠穿过 3 根以上毛线时

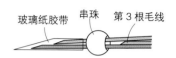

玻璃纸胶带　串珠　第 3 根毛线

为了让串珠更容易穿过毛线，我们可以将毛线端稍微偏移一下，斜切并用玻璃纸胶带卷好穿进毛线。如果毛线较多，可以采用渐变策略，一开始穿 2 根毛线，然后在两根穿过的毛线之间夹进第 3 根毛线，这样串珠也能跟着穿进去了。

◎ 44~46 使用的共同材料
cosmos 刺绣毛线（LECIEN）#25

◎ 44 所需材料
毛线 A 浅紫色（262）70cm×2 根
毛线 B 浅紫色（262）90cm×6 根

◎ 45 所需材料
毛线 A 浅绿色（896）70cm×2 根
毛线 B 浅绿色（896）90cm×6 根

◎ 46 所需材料
毛线 A 橙色（441）70cm×2 根
毛线 B 橙色（441）90cm×6 根

编织方法

✕ = 从右上到左下位置将
毛线重叠

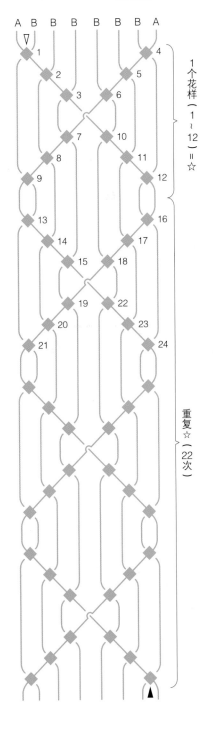

编织顺序

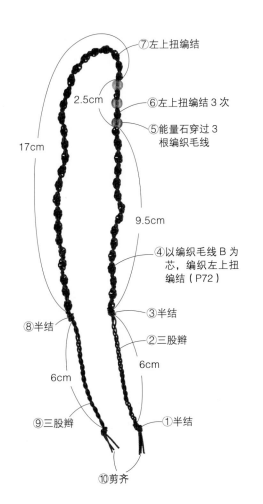

⑦左上扭编结

⑥左上扭编结 3 次

⑤能量石穿过 3
根编织毛线

④以编织毛线 B 为
芯，编织左上扭
编结（P72）

③半结

②三股辫

⑧半结

①半结

⑨三股辫

⑩剪齐

2.5cm
17cm
9.5cm
6cm
6cm

编织顺序

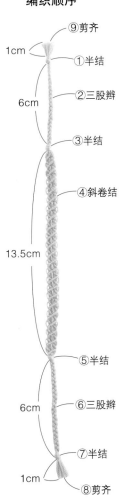

⑨剪齐

①半结

②三股辫

③半结

④斜卷结

⑤半结

⑥三股辫

⑦半结

⑧剪齐

1cm
6cm
13.5cm
6cm
1cm

添加文字和数字，编织应援运动幸运绳！

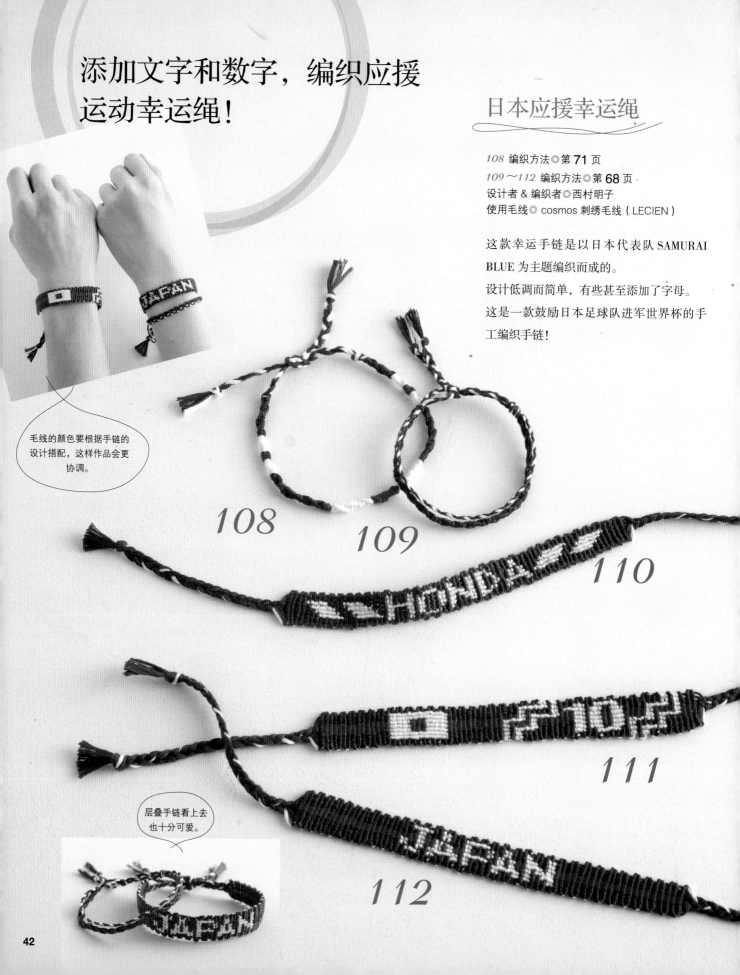

毛线的颜色要根据手链的设计搭配，这样作品会更协调。

层叠手链看上去也十分可爱。

日本应援幸运绳

108 编织方法◎第 **71** 页
109~112 编织方法◎第 **68** 页
设计者 & 编织者◎西村明子
使用毛线◎ cosmos 刺绣毛线（LECIEN）

这款幸运手链是以日本代表队 SAMURAI BLUE 为主题编织而成的。

设计低调而简单，有些甚至添加了字母。

这是一款鼓励日本足球队进军世界杯的手工编织手链！

108

109

110

111

112

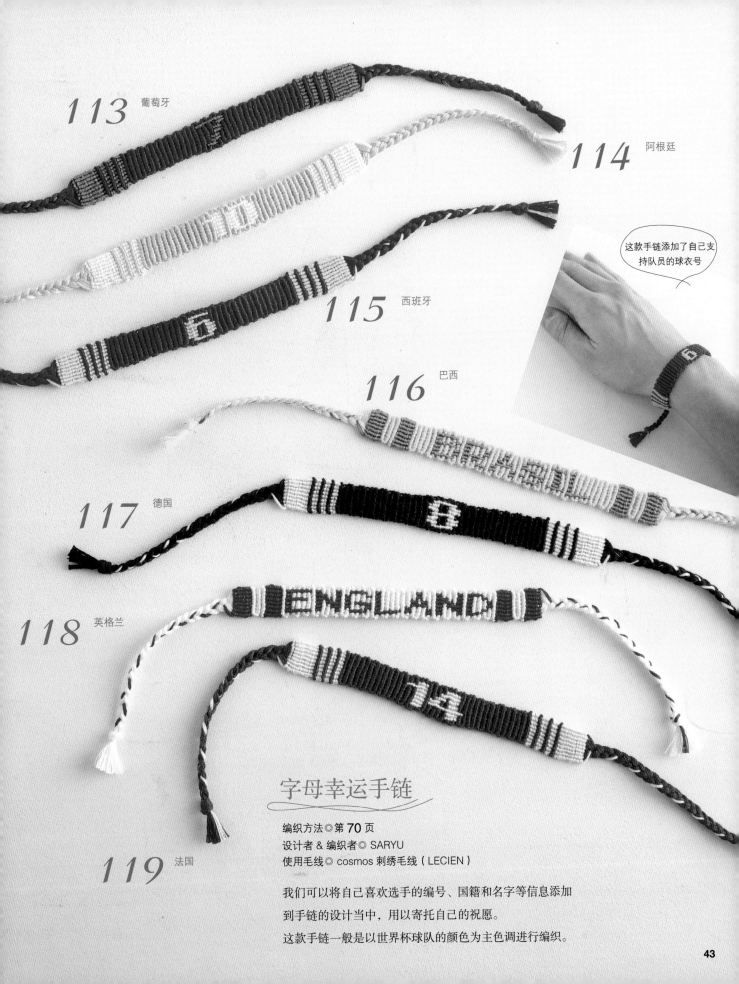

113 葡萄牙

114 阿根廷

这款手链添加了自己支持队员的球衣号

115 西班牙

116 巴西

117 德国

118 英格兰

字母幸运手链

编织方法◎第**70**页
设计者 & 编织者◎ SARYU
使用毛线◎ cosmos 刺绣毛线（LECIEN）

我们可以将自己喜欢选手的编号、国籍和名字等信息添加
到手链的设计当中，用以寄托自己的祝愿。

这款手链一般是以世界杯球队的颜色为主色调进行编织。

119 法国

将自己喜欢的数字和文字组合起来!

数字 & 字母

我们可以将自己喜欢的数字和文字排列在一起，编织出这个世界上独一无二的手链。

编织方法◎第 46 页
设计者 & 编织者◎ SARYU
使用毛线◎ cosmos 刺绣毛线（LECIEN）

120	121	122	123	124
125	126	127	128	129
130	131	132	133	134
135	136	137	138	139
140	141	142	143	144
145	146	147	148	149
150	151	152	153	154	155

让我们一起来编织字母幸运手链吧！

编织字母和数字时，如果我们采用软木板和针等工具，就能够将手链编织得很漂亮。本页会解说字母「N」的编织方法。

编织时要采用横卷结和纵卷结。

编织方法

A	B	B	B	B	B	B	B
1	2	3	4	5	6	7	8
16	15	14	13	12	11	10	9
17	18	19	20	21	22	23	24
32	31	30	29	28	27	26	25
33	34	35	36	37	38	39	40
48	47	46	45	44	43	42	41
49	50	51	52	53	54	55	56
64	63	62	61	60	59	58	57
65	66	67	68	69	70	71	72

根据手链毛线的排列和手链设计的不同，编织方向会发生改变。

■ = 横卷结

◆ = 纵卷结

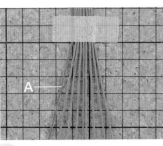

1 按照指定的顺序排列编织毛线，并用玻璃纸胶带将毛线固定在软木板上，以毛线A为芯用毛线B编织横卷结。（步骤1~8）

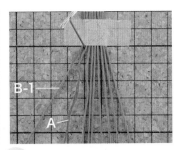

2 用针固定编织好的结点，毛线A绕到毛线B－1位置上。

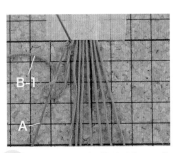

3 再一次将毛线A绕到毛线B－1位置上。

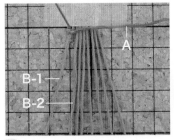

4 图为毛线收紧的样子。将毛线A往右拉，整理好形状。

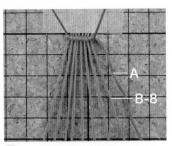

5 重复步骤2~4，编织B－2到B－8位置。用针固定编织好的结点。

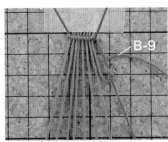

6 与2~4步骤的编织方向相反，从右到左编织横卷结。毛线A绕到毛线B－9的位置上，拉紧编织毛线。

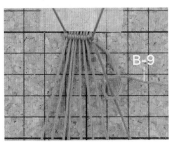

7 再一次将毛线A绕到毛线B－9位置上。

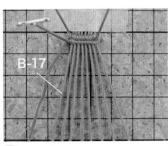

8 将毛线A往左拉，整理好形状，完成第2列结点。用针固定编织好的结点。

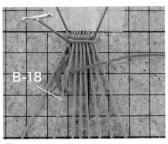

9 用纵卷结编织「N」字部分。编织到B－17位置时将毛线芯B绕到编织毛线A上。

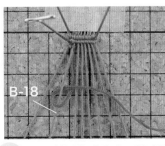

10 再一次将毛线B绕到A上。重复步骤9、10，一直编织至B－23位置。

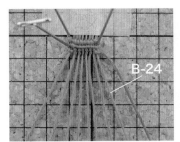

11 编织至B－24时要将编织方式转变为横卷结，完成第3列结点。

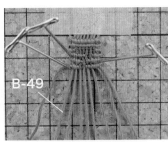

12 一边用针固定一边编织。图为完成第6列结点的样子。

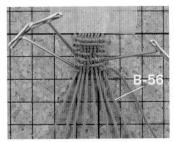

13 编织至第7列（B－49到B－56）时，「N」便编织成形了。

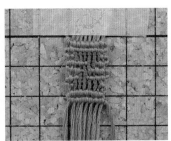

14 最后的第8、9列结点（B－57到B－72）要编织横卷结，这样「N」字就编织完成了。

◎ 120~129　毛线 A　1根，毛线 B　9根　　◎ 130~155　毛线 A　1根，毛线 B　8根　　　　　　　　　　横卷结与纵卷结

120　1

121　2
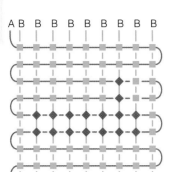

122　3

123　4

124　5
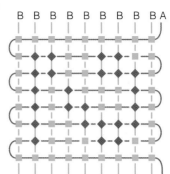

125　6

126　7

127　8
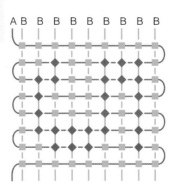

128　9

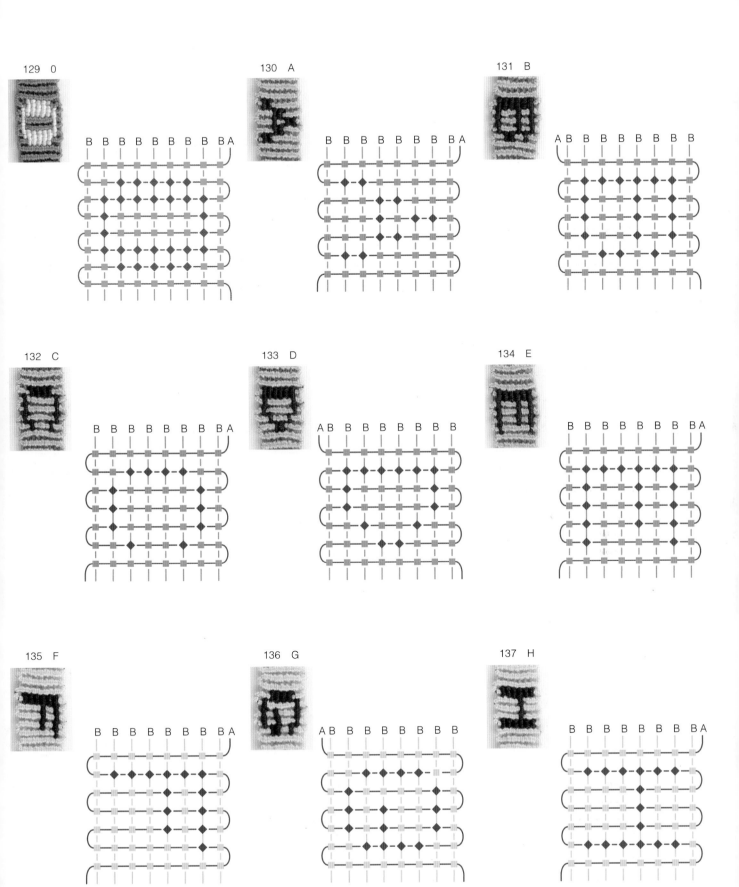

138 I

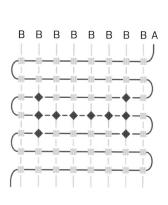

139 J

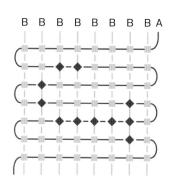

140 K

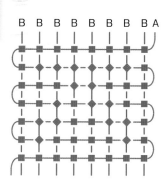

141 L

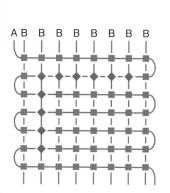

142 M

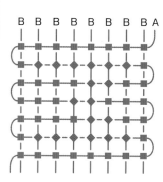

143 N

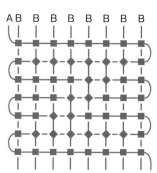

144 O

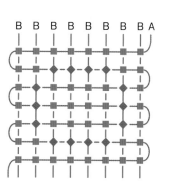

145 P

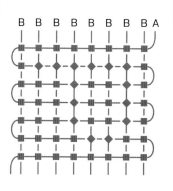

146 Q

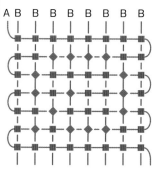

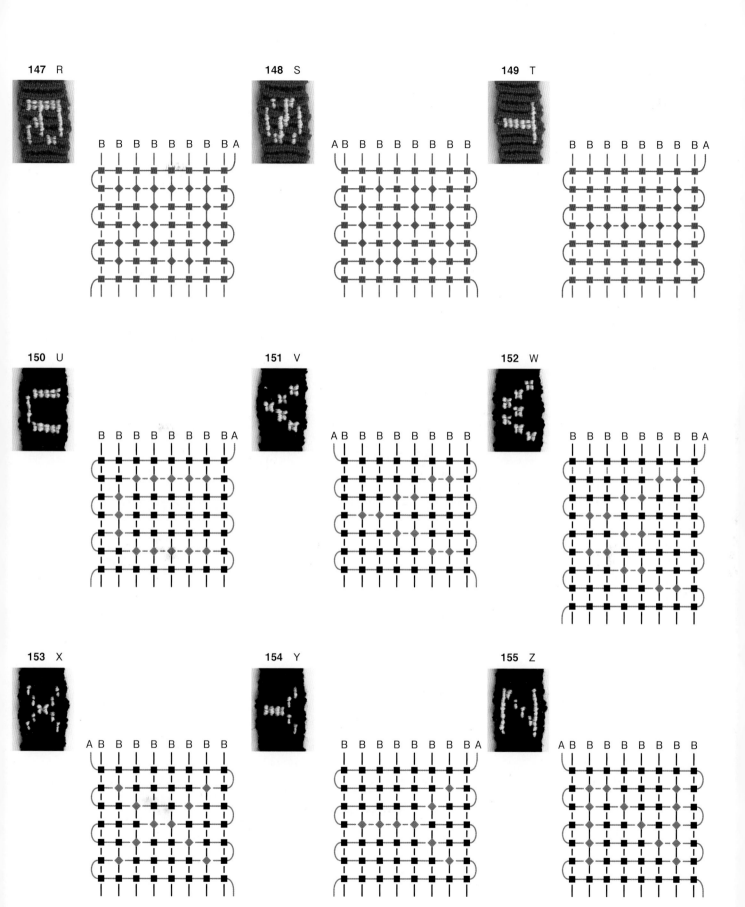

147 R 148 S 149 T

150 U 151 V 152 W

153 X 154 Y 155 Z

编织方向根据款式变化。

散发自然魅力的
亚麻手链

蕾丝花样幸运绳

编织方法◎第 52 页
设计者 & 编织者◎ marchen–art studio
使用毛线◎ HEMP TWINE 细线（MARCHEN–ART）

亚麻材质的毛线容易给人带来舒适休闲的感觉，
蕾丝花样的毛线将手链衬托得更加富有女人味。
单色毛线编织的手链显得更加高雅。

蕾丝花样充满着
女性气息。

156

157

158

平接结休闲手链

编织方法◎第 53 页
设计者 & 编织者◎ marchen–art studio
使用毛线◎ HEMP TWINE 中细线（MARCHEN–ART）

设计简单的平接结手链，充满自然气息的
素材感，纯色毛线当中搭配了彩虹颜色的
段染毛线和橙色毛线。

159

160

161

扭编结层叠手链

编织方法◎第 **72** 页
设计者 & 编织者◎ marchen-art studio
使用毛线◎ HEMP TWINE 中细线（MARCHEN-ART）
提供椰子串珠的 MARCHEN-ART 毛线

这款扭编结手链颜色上进行了层叠设计，很有夏季的感觉。手链采用亚麻材质，即便是首次学习编织的人也能够学会，这是一款富有韵律感的手链。

即便是中年人也能够佩戴这款手链。

这款手链采用斜条纹设计，配色上十分多彩。亚麻材质的毛线让手链整体显得协调，即便只佩戴一条也存在感爆棚。

斜条纹幸运手链

编织方法◎第 **73** 页
设计者 & 编织者◎ marchen-art studio
使用毛线◎ HEMP TWINE 中细线（MARCHEN-ART）

◎ 156 所需材料
HEMP TWINE 中细线 自然色（321）170cm×3 根

◎ 157 所需材料
HEMP TWINE 中细线 青绿色（330）170cm×3 根

◎ 158 所需材料
HEMP TWINE 中细线 胭脂色（334）170cm×3 根

编织起点的编织方法

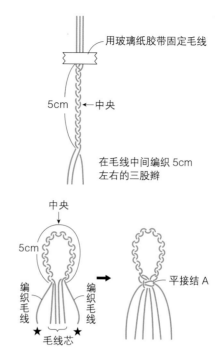

用玻璃纸胶带固定毛线

5cm ← 中央

在毛线中间编织 5cm
左右的三股辫

中央

5cm

编织
毛线

编织
毛线

★ 毛线芯 ★

平接结 A

将三股辫的部分对折，用外侧的两根毛线持续
编织平接结。然后再以外侧的毛线为芯往左右
斜放，编织横卷结。

斜横卷结

在边缘进行折返编织的时候

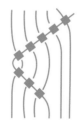
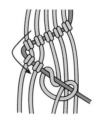

从右上往左下方向编织，折返毛线芯后从左上
往右下方向编织。

交叉中间毛线进行编织的时候

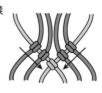

从左右两边开始分别编织斜卷结。将中间位置 2 根毛线中
的其中 1 根作为编织线，编织 1 个结子（从右上往左下方
向卷时）。

编织顺序

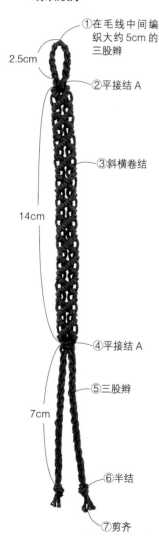

① 在毛线中间编织大约 5cm 的三股辫

2.5cm

② 平接结 A

③ 斜横卷结

14cm

④ 平接结 A

⑤ 三股辫

7cm

⑥ 半结

⑦ 剪齐

编织方法

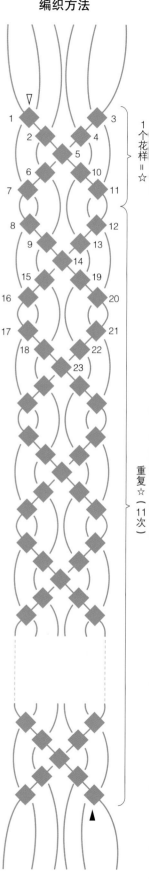

1 个花样＝☆

重复☆（11 次）

◎ **159 所需材料**

HEMP TWINE 中细线

    毛线 A　纯色（361）140cm×1 根

    毛线 B　彩虹色段染（375）140cm×1 根

椰子串珠（MA2224）1 颗

◎ **160 所需材料**

HEMP TWINE 中细线

    毛线 A　纯色（361）140cm×1 根

    毛线 B　橙色（328）140cm×1 根

椰子串珠（MA2224）1 颗

◎ **161 所需材料**

HEMP TWINE 中细线

    编织毛线 A　纯色（361）140cm×1 根

    编织毛线 B　彩虹色段染（375）140cm×1 根

椰子串珠（MA2224）1 颗

段染毛线的剪切方法

毛线的排列方法

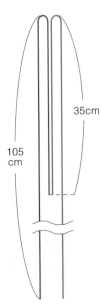

在毛线左右对称的位置对折。

如图所示，编织毛线 B 的右侧要保留 35cm，左侧要保留 105cm，我们要将毛线 A 摆放在右侧。

编织顺序

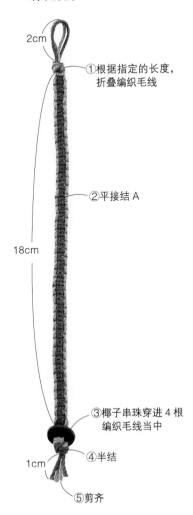

①根据指定的长度，折叠编织毛线

②平接结 A

③椰子串珠穿进 4 根编织毛线当中

④半结

⑤剪齐

编织起点的编织方法

取 4 根毛线合并在一起并编织半结。将较短一侧的毛线放在内侧，并将其作为毛线芯编织平接结。

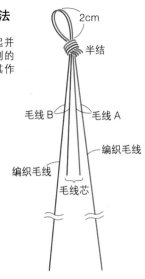

2cm

半结

毛线 B　毛线 A

编织毛线

编织毛线

毛线芯

散发着成熟气息的
皮革幸运绳

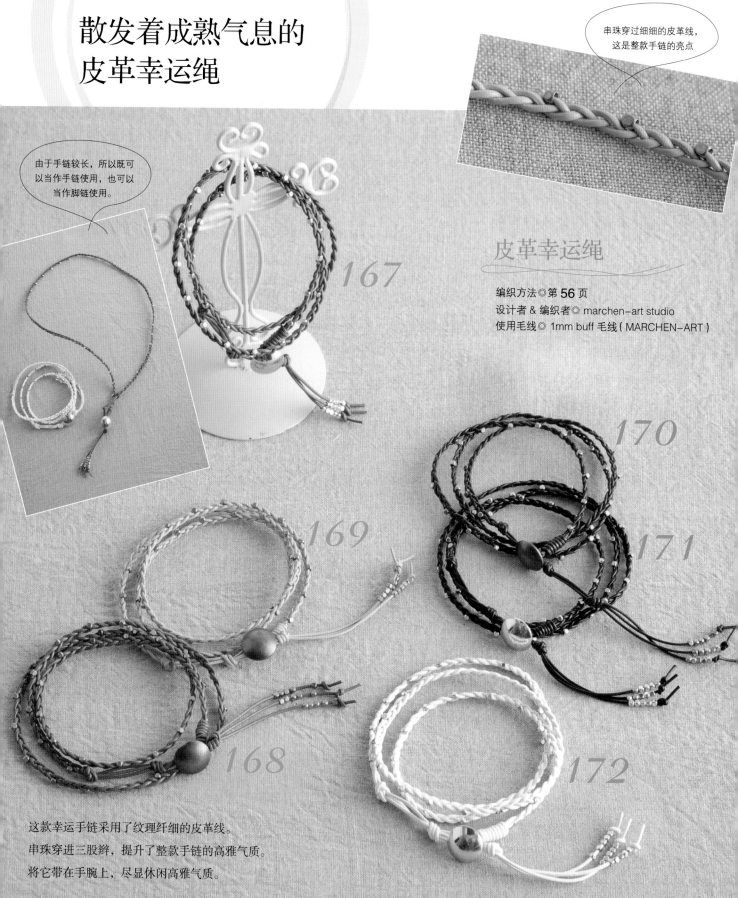

串珠穿过细细的皮革线，
这是整款手链的亮点

由于手链较长，所以既可
以当作手链使用，也可以
当作脚链使用。

167

皮革幸运绳

编织方法◎第 56 页
设计者 & 编织者◎ marchen-art studio
使用毛线◎ 1mm buff 毛线（MARCHEN-ART）

170

169

171

168

172

这款幸运手链采用了纹理纤细的皮革线。
串珠穿进三股辫，提升了整款手链的高雅气质。
将它带在手腕上，尽显休闲高雅气质。

四股辫皮革幸运手链

编织方法◎第 57 页
设计者 & 编织者◎ marchen-art studio
使用毛线◎扁平皮革线（MARCHEN-ART）

这款四股辫幸运手链散发出皮革线独有的韵味。
显色的皮革线颜色丰富。无论是单色编织还是多色编织，制作成的手链都很漂亮。

立体四股辫皮革幸运手链

编织方法◎第 58 页
设计者 & 编织者◎ marchen-art studio
使用毛线◎扁平皮革线（MARCHEN-ART）

亮点：皮革线所独有的光泽度以及配色

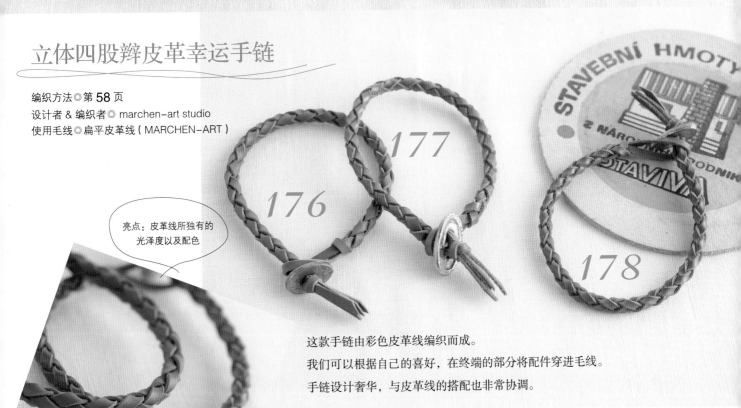

这款手链由彩色皮革线编织而成。
我们可以根据自己的喜好，在终端的部分将配件穿进毛线。
手链设计奢华，与皮革线的搭配也非常协调。

◎ 166~170 所需共同材料
金色串珠 2mm（AC1425）大约 60 颗
串珠卡口（AC1142）1 个

◎ 167·171·172 所需共同材料
银色串珠 2mm（AC1426）大约 60 颗
串珠卡口（AC1472）1 个

◎ 167 所需材料
皮革线 1mm
　毛线 A　蓝色（512）180cm×1 根
　毛线 B　蓝色（512）90cm×1 根
　毛线 C　蓝色（512）20cm×1 根

◎ 168 所需材料
皮革线 1mm
　毛线 A　奶糖色（503）180cm×1 根
　毛线 B　奶糖色（503）90cm×1 根
　毛线 C　奶糖色（503）20cm×1 根

◎ 169 所需材料
皮革线 1mm
　毛线 A　自然颜色（501）180cm×1 根
　毛线 B　自然颜色（501）90cm×1 根
　毛线 C　自然颜色（501）20cm×1 根

◎ 170 所需材料
皮革线 1mm
　毛线 A　棕褐色（504）180cm×1 根
　毛线 B　棕褐色（504）90cm×1 根
　毛线 C　棕褐色（504）20cm×1 根

◎ 171 所需材料
皮革线 1mm
　毛线 A　黑色（509）180cm×1 根
　毛线 B　黑色（509）90cm×1 根
　毛线 C　黑色（509）20cm×1 根

◎ 172 所需材料
皮革线 1mm
　毛线 A　雪白色（500）180cm×1 根
　毛线 B　雪白色（500）90cm×1 根
　毛线 C　雪白色（500）20cm×1 根

编织顺序

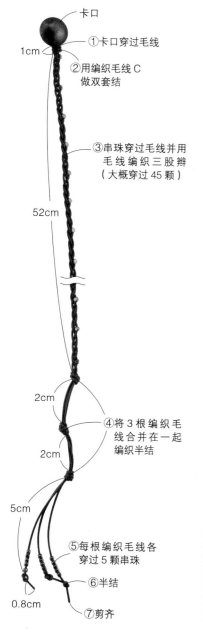

卡口
①卡口穿过毛线
1cm
②用编织毛线 C 做双套结
③串珠穿过毛线并用毛线编织三股辫（大概穿过 45 颗）
52cm
④将 3 根编织毛线合并在一起编织半结
2cm
2cm
5cm
⑤每根编织毛线各穿过 5 颗串珠
⑥半结
0.8cm
⑦剪齐

编织起点的编织方法

编织毛线穿进卡口，并在中间位置对折，毛线 B 的边缘位置留出 1cm 的距离，并将露出的 3 根毛线捆成一束。以 3 根毛线为芯用毛线 C 编织双套结。编织双套结后，将毛线 B 上露出的 1cm 多余部分剪去。

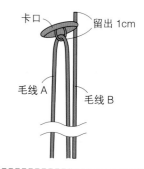

卡口　留出 1cm
毛线 A　毛线 B

双套结

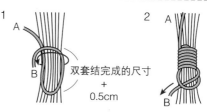

1
A
B
双套结完成的尺寸 + 0.5cm

用另一根毛线绕在编织毛线上并进行折叠重合，一圈一圈地绕紧。

2
A

绕到指定的尺寸后，将毛线 B 的一端穿进下方的线圈里面。

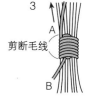

3
A
剪断毛线
B

将毛线 A 的一端往上拉，下方的线圈会缩入卷好的毛线内，最后进行固定。
在底部剪去多余的毛线。

三股辫
（穿串珠时）

1
串珠

将串珠（指定颗数）穿入右侧的毛线内。

2
①

左边的毛线与中间的毛线交叉。

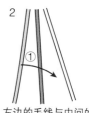

3
②

将 1 颗串珠往上拉，右边的毛线与中间的毛线交叉。

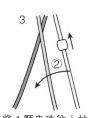

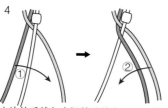

4
①
②

左边的毛线与中间的毛线交叉。再将右边毛线与中间毛线交叉。

5
①
②

继续将左边的毛线与中间的毛线交叉。再将右边毛线与中间毛线交叉的操作。

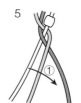

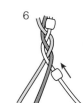

6

将 1 颗串珠往上拉。重复步骤 4~6。

◎ 173 所需材料
皮革线　棕色（201）70cm×2根
锡制配饰　卡口（AC473）1件

◎ 174 所需材料
皮革线　芥末色（202）70cm×2根
锡制配饰　卡口（AC473）1件

◎ 175 所需材料
皮革线　棕色（201）70cm×1根
　　　　紫罗兰（205）70cm×1根
锡制配饰　卡口（AC473）1件

编织起点的编织方法

在中间位置将2根皮革线对折，并将其中的1根毛线放在下方。用玻璃纸胶带或者夹子等工具固定上方毛线两端交叉的部分。在中间位置将下方的皮革线交叉。

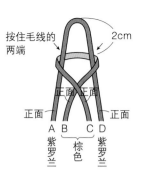

按住毛线的两端　2cm

正面　正面

正面　　　　　正面

A　B　C　D
紫罗兰　棕色　紫罗兰

编织顺序

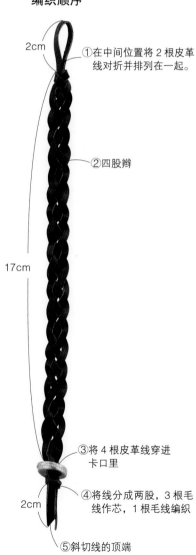

2cm

① 在中间位置将2根皮革线对折并排列在一起。

② 四股辫

17cm

③ 将4根皮革线穿进卡口里

④ 将线分成两股，3根毛线作芯，1根毛线编织

2cm

⑤ 斜切线的顶端

※ 如果反手结松动，可以用黏结剂来固定结点。

四股辫

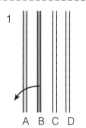

1

A　B　C　D

皮革毛线正面放在上方，交叉A、B两根毛线。

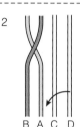

2

B　A　C　D

交叉C、D两根毛线。

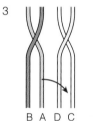

3

B　A　D　C

交叉A、D两根毛线。

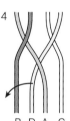

4

B　D　A　C

按照顺序重复1~3的步骤，进行毛线交叉操作。

5

一边编织一边拉紧毛线。

反手结

编织该作品时，要采用1根紫罗兰毛线。

1

毛线芯　编织毛线

将皮革线分成毛线芯和编织毛线两部分，并将编织毛线挂在毛线芯上。

2

拉紧毛线。

3

作品完成。

如果要将配饰穿过2根以上的皮革线时

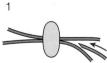

1

先将2根皮革线穿入配饰内，并将另1根被斜切了尖端的皮革线夹进之前的2根皮革线里面。

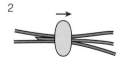

2

这样一来，皮革线会被固定地夹在里面，如箭头所示，我们可以一边转动串珠一边将串珠穿进去。

◎ 176 所需材料
皮革线　蓝色（206）70cm×2根
锡制配饰　卡口（AC473）1件

◎ 177 所需材料
皮革线　粉色（204）70cm×2根
锡制配饰　卡口（AC1262）1件

◎ 178 所需材料
皮革线　驼色（203）70cm×2根
锡制配饰　卡口（AC473）1件

※ 如 176、178 所示，如果 4 根皮革线难以穿进卡口的唯一小洞时，我推荐大家选用 177 材料中的 2 孔卡口。

编织起点的编织方法

在中间位置将 2 根皮革线对折，并将其中 1 根放在上方。用玻璃纸胶带和夹子等工具固定线两端交叉的部分。皮革线的摆放顺序为反面，正面，正面，反面。

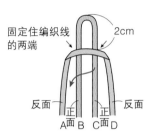

固定住编织线的两端　2cm

反面　正面　正面　反面
A面 B C面 D

编织顺序

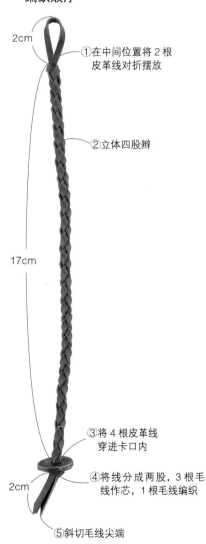

2cm

① 在中间位置将 2 根皮革线对折摆放

② 立体四股辫

17cm

③ 将 4 根皮革线穿进卡口内

④ 将线分成两股，3 根毛线作芯，1 根毛线编织

2cm

⑤ 斜切毛线尖端

※ 如果反手结松动，可以用黏结剂来固定结点。

立体四股辫　一边拉紧毛线一边编织

1

反面　反面

A B C D

排列好皮革线，并将中间 2 根毛线（B，C）交叉。

2

A C B D

毛线 D 穿过毛线 B、C 下方，并从上方将毛线 D 穿入毛线 C、B 之间。

3

正面

A C D B

毛线 A 穿过毛线 C、D 下方，并从上方将毛线 A 穿入毛线 D、C 之间。

4

正面

C A D B

毛线 B 穿过毛线 D、A 下方，并从上方将毛线 B 穿入毛线 A、D 之间。

5

C A B D

毛线 C 穿过毛线 A、B 下方，并从上方将毛线 C 穿入毛线 B、A 之间。

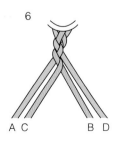

6

A C B D

为了保证皮革线相同的一面朝向外侧，我们可以一边确认毛线形态一边进行编织。重复 2~5 的步骤。

◎ 23~28 所需的共同材料
cosmos 刺绣毛线（LECIEN）#25

◎ 23 所需材料
毛线 A　粉色（114）90cm×2 根
毛线 B　浅粉色（112）90cm×2 根
毛线 C　黑色（600）90cm×2 根

◎ 24 所需材料
毛线 A　深橙色（757）90cm×2 根
毛线 B　橙色（752）90cm×2 根
毛线 C　浅橙色（101）90cm×2 根

◎ 25 所需材料
毛线 A　浅粉色（112）90cm×2 根
毛线 B　粉色（114）90cm×2 根
毛线 C　浅黄色（298）90cm×2 根

◎ 26 所需材料
毛线 A　白色（500）90cm×2 根
毛线 B　浅茶色（425）90cm×2 根
毛线 C　绿色（338）90cm×2 根

◎ 27 所需材料
毛线 A　浅蓝色（410）90cm×2 根
毛线 B　水蓝色（2412）90cm×2 根
毛线 C　蓝色（415A）90cm×2 根

◎ 28 所需材料
毛线 A　粉色（114）90cm×4 根
毛线 B　深粉色（800）90cm×2 根
毛线 C　浅粉色（112）90cm×1 根

编织顺序

⑦剪齐
1cm
⑥半结
7cm
⑤各色毛线编织
三股辫

①编织斜反
卷结

14cm

※ 毛线端留出 15cm
的长度，开始编织。

7cm
②各色毛线编
织三股辫

③半结
1cm

23~26 编织方法

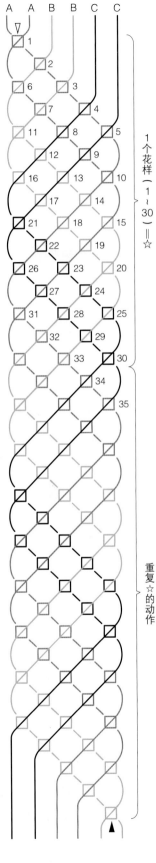

1 个花样（1～30）＝☆

重复☆的动作

27 编织方法

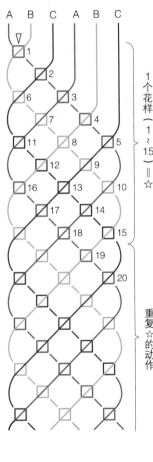

1 个花样（1～15）＝☆

重复☆的动作

28 编织方法

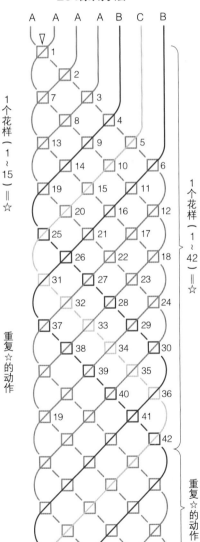

1 个花样（1～42）＝☆

重复☆的动作

◎ 29~32 所需共同材料
手链专用毛线

◎ 29 所需材料
毛线 A 黄绿色（162）55cm×1 根
毛线 B 黄绿色（162）130cm×1 根
毛线 C 紫色（157）130cm×1 根

◎ 30 所需材料
毛线 A 黄色（153）55cm×1 根
毛线 B 黄色（153）130cm×1 根
毛线 C 胭脂色（158）130cm×1 根

◎ 31 所需材料
毛线 A 粉色（156）70cm×1 根
毛线 B 粉色（156）190cm×1 根
毛线 C 深棕色（167）190cm×1 根

◎ 32 所需材料
毛线 A 橙色（154）70cm×1 根
毛线 B 橙色（154）190cm×1 根
毛线 C 藏青色（159）190cm×1 根

◎ 40~43 所需共同材料
cosmos 刺绣毛线（LECIEN）#25

◎ 40 所需材料
毛线 A 粉色（203）110cm×4 根
毛线 B 蓝色（2412）85cm×4 根

◎ 41 所需材料
毛线 A 黄色（298）110cm×4 根
毛线 B 绿色（336）85cm×4 根

◎ 42 所需材料
毛线 A 白色（500）110cm×4 根
毛线 B 粉色（2114）85cm×4 根

◎ 43 所需材料
毛线 A 蓝色（2214）110cm×4 根
毛线 B 白色（2500）85cm×4 根

编织顺序

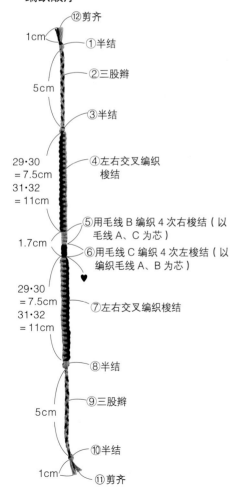

⑫剪齐
1cm
①半结
②三股辫
5cm
③半结
④左右交叉编织
梭结
29·30
=7.5cm
31·32
=11cm
⑤用毛线 B 编织 4 次右梭结（以毛线 A、C 为芯）
1.7cm
⑥用毛线 C 编织 4 次左梭结（以编织毛线 A、B 为芯）
♥
29·30
=7.5cm
⑦左右交叉编织梭结
31·32
=11cm
⑧半结
⑨三股辫
5cm
⑩半结
1cm
⑪剪齐

♥ = 毛线的摆放顺序为：毛线 B、B、A、C

编织方法

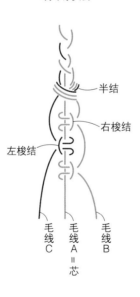

半结
右梭结
左梭结

毛线 C
毛线 A = 芯
毛线 B

在 ♥ 的位置按照毛线 B、A、C 的顺序进行摆放，并开始用毛线 B 编织左梭结

编织顺序

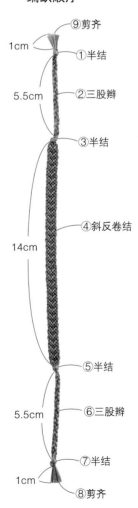

⑨剪齐
1cm
①半结
②三股辫
5.5cm
③半结
④斜反卷结
14cm
⑤半结
5.5cm
⑥三股辫
⑦半结
1cm
⑧剪齐

◎ 47, 48 所需共同材料
cosmos 刺绣毛线（LECIEN）#25

◎ 47 所需材料
毛线 A　浅粉色（499）110cm×2 根
毛线 B　黄绿色（269）90cm×2 根
毛线 C　奶油色（1000）90cm×2 根

◎ 48 所需材料
毛线 A　浅蓝色（411）110cm×2 根
毛线 B　浅绿色（315A）90cm×2 根
毛线 C　黄色（700）90cm×2 根

编织方法

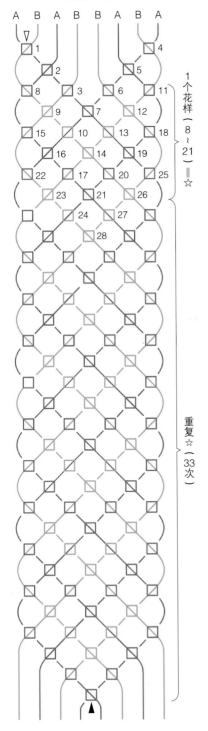

1 个花样（8～21）=☆

重复☆（33 次）

编织顺序

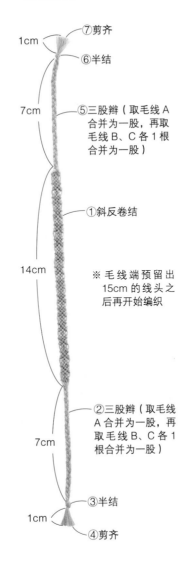

⑦剪齐
1cm
⑥半结
7cm
⑤三股辫（取毛线 A 合并为一股，再取毛线 B、C 各 1 根合并为一股）

①斜反卷结

14cm

※ 毛线端预留出 15cm 的线头之后再开始编织

7cm
②三股辫（取毛线 A 合并为一股，再取毛线 B、C 各 1 根合并为一股）

③半结
1cm
④剪齐

编织方法

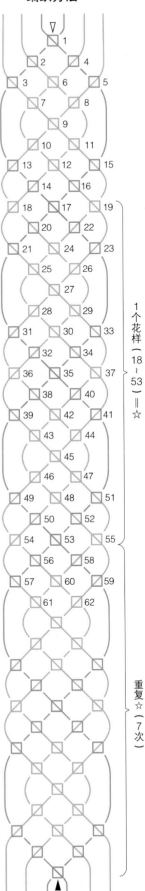

1 个花样（18～53）=☆

重复☆（7 次）

◎ 33 所需材料
毛线 A　灰色（733）100cm×2 根
毛线 B　灰白色（364）100cm×4 根
毛线 C　红色（800）100cm×2 根

◎ 34 所需材料
毛线 A　藏青色（218）100cm×2 根
毛线 B　白色（100）100cm×4 根
毛线 C　胭脂色（245）100cm×2 根

◎ 35 所需材料
毛线 A　茶色（312）100cm×2 根
毛线 B　黄色（302）100cm×4 根
毛线 C　深绿色（121）100cm×2 根

编织顺序

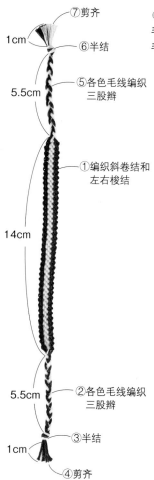

1cm
⑦剪齐
⑥半结

5.5cm
⑤各色毛线编织三股辫

①编织斜卷结和左右梭结

14cm

5.5cm
②各色毛线编织三股辫

1cm
③半结
④剪齐

◎ 36 所需材料
毛线 A　灰色（731）100cm×4 根
毛线 B　粉色（2114）100cm×3 根

◎ 37 所需材料
毛线 A　绿色（276）100cm×4 根
毛线 B　橙色（445）100cm×3 根

编织顺序

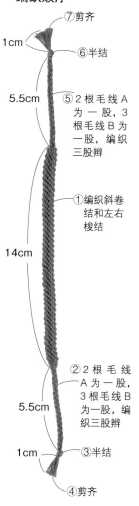

1cm
⑦剪齐
⑥半结

5.5cm
⑤2 根毛线 A 为一股，3 根毛线 B 为一股，编织三股辫

①编织斜卷结和左右梭结

14cm

5.5cm
②2 根毛线 A 为一股，3 根毛线 B 为一股，编织三股辫

1cm
③半结
④剪齐

33・34・35 编织方法

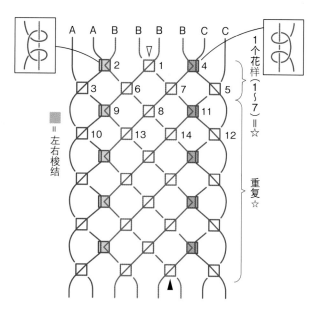

A　A　B　B　B　B　C　C

1个花样（1〜7）=☆

重复☆

= 左右梭结

36・37 编织方法

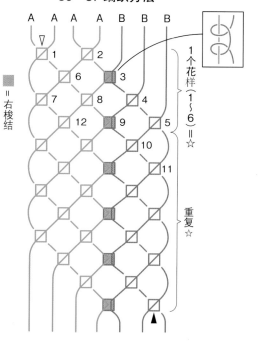

A　A　A　A　B　B　B

1个花样（1〜6）=☆

重复☆

= 右梭结

◎ 38・39 所需共同材料
cosmos 刺绣毛线（LECIEN）#25

◎ 38 所需材料
毛线 A　粉色（501）320cm×1 根
毛线 B　粉色（501）70cm×1 根
毛线 C　深青色（669A）70cm×9 根
毛线 D　浅黄色（297）120cm×1 根

◎ 39 所需材料
毛线 A　浅蓝色（563）320cm×1 根
毛线 B　浅蓝色（563）70cm×1 根
毛线 C　深青色（669A）70cm×9 根
毛线 D　浅黄色（297）120cm×1 根

编织方法

编织顺序

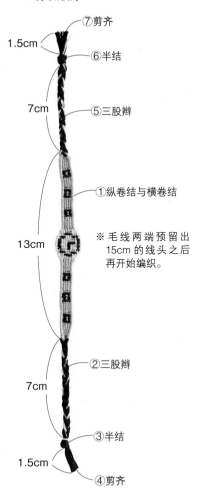

⑦剪齐
1.5cm
⑥半结
7cm
⑤三股辫
①纵卷结与横卷结
13cm
②三股辫
7cm
③半结
1.5cm
④剪齐

※ 毛线两端预留出
15cm 的线头之后
再开始编织。

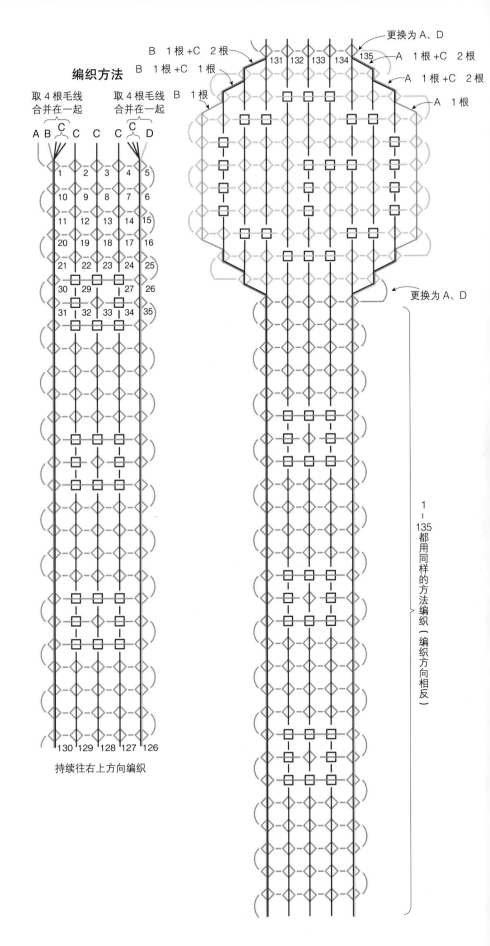

取 4 根毛线
合并在一起

取 4 根毛线
合并在一起

B　1 根 +C　2 根
B　1 根 +C　1 根
B　1 根

更换为 A、D
A　1 根 +C　2 根
A　1 根 +C　2 根
A　1 根

更换为 A、D

1～135 都用同样的方法编织（编织方向相反）

持续往右上方向编织

◎ 49 所需材料
HEMP TWINE 中细线
  毛线 A　段染毛线（372）115cm×2 根
  毛线 B　段染毛线（372）320cm×1 根
仿古金色锡制品配饰（AC440）1 件
圆环 7mm 金色 1 个

◎ 50 所需材料
HEMP TWINE 中细线
  毛线 A　蓝紫色（344）100cm×2 根
  毛线 B　蓝紫色（344）288cm×1 根
仿古金色锡制品配饰 带圆环（AC1241）3 件

◎ 51 所需材料
HEMP TWINE 中细线
  毛线 A　段染毛线（379）100cm×2 根
  毛线 B　段染毛线（379）288cm×1 根
仿古金色锡制品配饰 带圆环（AC1241）3 件

编织顺序

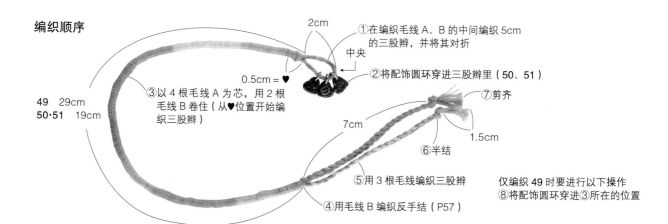

2cm

①在编织毛线 A、B 的中间编织 5cm 的三股辫，并将其对折

中央

0.5cm = ♥

②将配饰圆环穿进三股辫里（50、51）

③以 4 根毛线 A 为芯，用 2 根毛线 B 卷住（从♥位置开始编织三股辫）

49　29cm
50·51　19cm

⑦剪齐

7cm

1.5cm

⑥半结

⑤用 3 根毛线编织三股辫

④用毛线 B 编织反手结（P57）

仅编织 49 时要进行以下操作
⑧将配饰圆环穿进③所在的位置

五股辫

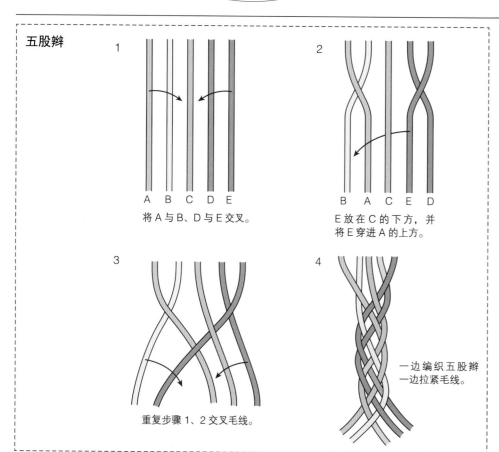

1
A B C D E
将 A 与 B、D 与 E 交叉。

2
B A C E D
E 放在 C 的下方，并将 E 穿进 A 的上方。

3
重复步骤 1、2 交叉毛线。

4
一边编织五股辫一边拉紧毛线。

编织起点的编织方法

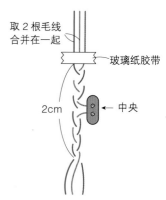

取 2 根毛线合并在一起

玻璃纸胶带

2cm　中央

在编织毛线中间编织 2cm 的三股辫，并将配饰穿进中间的毛线里面，配饰移动到毛线的中间位置。

◎ 55 所需材料

cosmos 刺绣毛线（LECIEN）#25

奶白色（572）140cm×1 根

灰白色（364）140cm×1 根

浅紫色（554）140cm×1 根

青绿色（566）140cm×1 根

浅橙色（441）140cm×1 根

纽扣配饰 椭圆形 银色 13×18mm 1 个

◎ 56 所需材料

cosmos 刺绣毛线（LECIEN）#25

奶白色（572）140cm×1 根

灰白色（364）140cm×1 根

黄绿色（324）140cm×1 根

浅橙色（441）140cm×1 根

深粉色（206）140cm×1 根

纽扣配饰 椭圆形 金色 13×18mm 1 个

◎ 52~54 所需共同材料

cosmos 刺绣毛线（LECIEN）#25Seasons

◎ 52 所需材料

绿色毛线（段染色）（8023）70cm×6 根

◎ 53 所需材料

蓝色·黄色毛线（段染色）（8076）70cm×6 根

◎ 54 所需材料

粉米色·绿色毛线（段染色）（8073）70cm×6 根

编织顺序

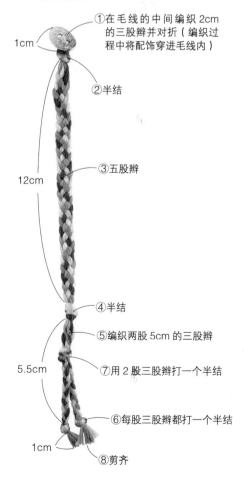

① 在毛线的中间编织 2cm 的三股辫并对折（编织过程中将配饰穿进毛线内）

1cm

② 半结

③ 五股辫

12cm

④ 半结

⑤ 编织两股 5cm 的三股辫

⑦ 用 2 股三股辫打一个半结

5.5cm

⑥ 每股三股辫都打一个半结

1cm

⑧ 剪齐

编织顺序

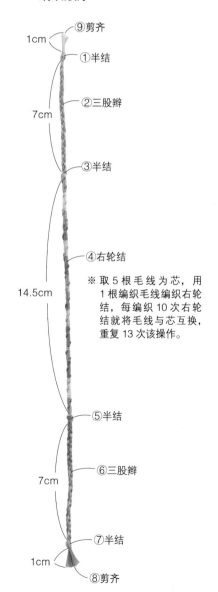

⑨ 剪齐

1cm

① 半结

② 三股辫

7cm

③ 半结

④ 右轮结

※ 取 5 根毛线为芯，用 1 根编织毛线编织右轮结，每编织 10 次右轮结就将毛线与芯互换，重复 13 次该操作。

14.5cm

⑤ 半结

⑥ 三股辫

7cm

⑦ 半结

1cm

⑧ 剪齐

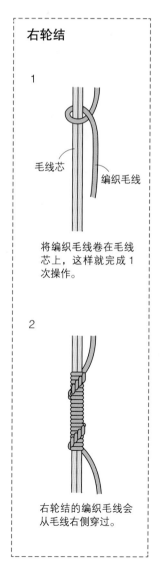

右轮结

1

毛线芯　编织毛线

将编织毛线卷在毛线芯上，这样就完成 1 次操作。

2

右轮结的编织毛线会从毛线右侧穿过。

◎ **79 所需材料**
MICRO-MACRAME CORD
　毛线 A　灰色（1457）45cm×2 根
　毛线 B　灰色（1457）95cm×2 根
　毛线 C　灰色（1457）20cm×1 根
接口配饰 4 瓣花 橙红色 18×18mm 1 个

◎ **80 所需材料**
MICRO－MACRAME CORD
　毛线 A　橙色（1443）45cm×2 根
　毛线 B　橙色（1443）95cm×2 根
　毛线 C　橙色（1443）20cm×1 根
接口配饰 Happy 金色 25mm 1 个

◎ **81 所需材料**
MICRO－MACRAME CORD
　毛线 A　黄色（1442）45cm×2 根
　毛线 B　黄色（1442）95cm×2 根
　毛线 C　黄色（1442）20cm×1 根
接口配饰 椭圆形金钥匙 银色 15mm 1 个

◎ **82 所需材料**
MICRO－MACRAME CORD
　毛线 A　绿色（1451）45cm×2 根
　毛线 B　绿色（1451）95cm×2 根
　毛线 C　绿色（1451）20cm×1 根
接口配饰 金属环状 金色 18mm 1 个

◎ **83 所需材料**
MICRO－MACRAME CORD
　毛线 A　紫色（1447）45cm×2 根
　毛线 B　紫色（1447）95cm×2 根
　毛线 C　紫色（1447）20cm×1 根
接口配饰 菱形 蓝色 20×15 mm 1 个

毛线 B 的收结方法

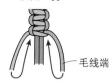

反面一侧

┗ 毛线端

将毛线端放入平编结内，毛线
露出结点少量距离时剪去多余
毛线，用黏着剂固定。

编织起点的编织方法

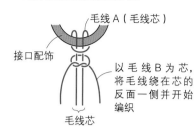

毛线 A（毛线芯）

接口配饰

以毛线 B 为芯，
将毛线绕在芯的
反面一侧并开始
编织

毛线芯

编织顺序

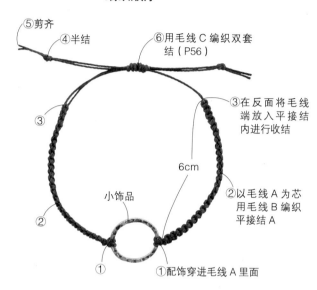

⑤剪齐
④半结
⑥用毛线 C 编织双套
　结（P56）
③
③在反面将毛线
端放入平接结
内进行收结
6cm
②
②以毛线 A 为芯
用毛线 B 编织
平接结 A
小饰品
①
①配饰穿进毛线 A 里面

◎ **84 所需材料**
ASIAN CORD 极细线
　藏青色（729）50cm× 1 根
饰品 锚栓状 银色 12×12mm 1 件

◎ **84 所需材料**
ASIAN CORD 极细线
　银色（752）50cm× 1 根
饰品 椭圆形 15×10 mm 1 件

◎ **86 所需材料**
ASIAN CORD 极细线
　粉色（726）50cm× 1 根
饰品 笑脸标志 金色 12mm 1 件

编织顺序

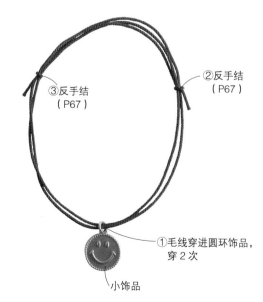

③反手结
（P67）
②反手结
（P67）
①毛线穿进圆环饰品，
　穿 2 次
小饰品

◎ 87 所需共同材料
ASIAN CORD 极细线
　粉色（737）35cm×1 根
接口配饰 香奈尔能量石 粉色 8mm 1 件

◎ 88 所需共同材料
ASIAN CORD 极细线
　鼠尾草（741）35cm×1 根
接口配饰 香奈尔能量石 绿色 8mm 1 件

可调节手链的编织方法
（反手结）

↑ 反手结

毛线端

未编织的毛线可
以移动调节尺寸

编织顺序

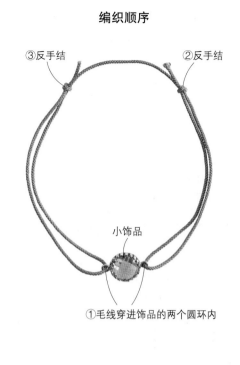

③反手结　　②反手结

小饰品

①毛线穿进饰品的两个圆环内

◎ 89 所需共同材料
可拆卸配饰 接口 银色 16cm
深蓝色（AC1403）1 根
可拆卸配饰 银色（AC1438）1 件

◎ 90 所需共同材料
可拆卸配饰 接口 银色 16cm
深蓝色（AC1402）1 根
可拆卸配饰 银色（AC1438）1 件

◎ 91 所需共同材料
可拆卸配饰 接口 金色 16cm
驼色（AC1412）1 根
可拆卸配饰 金色（AC1437）1 件

线圈的制作方法

线圈

1.5cm

1cm

如图所示折叠毛线，用毛线上
端做圈，圈宽约 1.5cm，取 4
根毛线合并在一起编织反手结。
并将毛线端剪短。

编织顺序

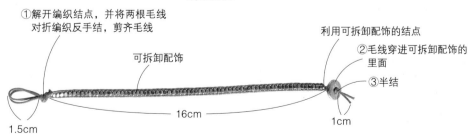

①解开编织结点，并将两根毛线
　对折编织反手结，剪齐毛线

可拆卸配饰

利用可拆卸配饰的结点

②毛线穿进可拆卸配饰的
　里面

③半结

1.5cm

16cm

1cm

◎ 109 所需材料

cosmos 刺绣毛线（LECIEN）#25

毛线 A　红色（798）80cm×1 根
毛线 B　蓝色（215）80cm×1 根
毛线 C　白色（2500）80cm×1 根
毛线 D　蓝色（215）170m×1 根

编织起点的编织方法

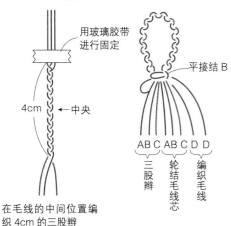

用玻璃胶带进行固定

4cm ← 中央

平接结 B

AB C AB C D D

三股辫　轮结毛线芯　编织毛线

在毛线的中间位置编织 4cm 的三股辫

编织顺序

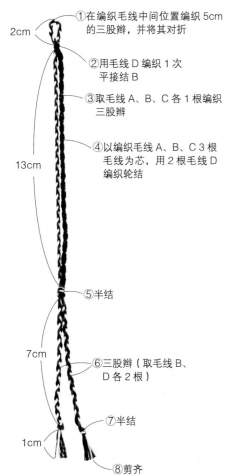

2cm

① 在编织毛线中间位置编织 5cm 的三股辫，并将其对折

② 用毛线 D 编织 1 次平接结 B

③ 取毛线 A、B、C 各 1 根编织三股辫

④ 以编织毛线 A、B、C 3 根毛线为芯，用 2 根毛线 D 编织轮结

13cm

⑤ 半结

7cm

⑥ 三股辫（取毛线 B、D 各 2 根）

⑦ 半结

1cm

⑧ 剪齐

◎ 110~112 所需共同材料

cosmos 刺绣毛线（LECIEN）#25

◎ 110 所需材料

毛线 A　白色（2500）250cm×1 根
毛线 B　蓝色（215）90cm×6 根
毛线 C　红色（798）100cm×2 根

◎ 111 所需材料

毛线 A　白色（2500）300cm×1 根
毛线 B　蓝色（215）120cm×6 根
毛线 C　红色（798）100cm×3 根

111 编织顺序

1cm ⑦ 剪齐

⑥ 半结

7cm ⑤ 三股辫

① 横卷结与纵卷结

14cm

※ 毛线端预留出 15cm 后再开始进行编织。

7cm ② 三股辫

③ 半结

1cm ④ 剪齐

111 编织方法

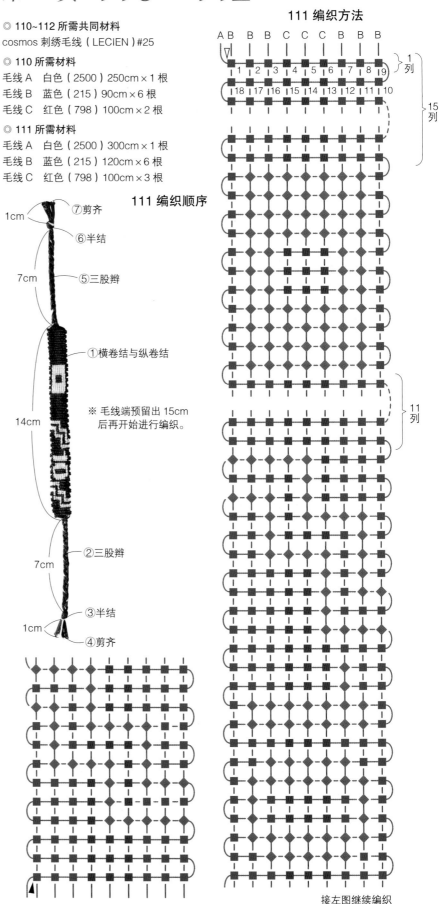

A B B B C C C B B B

1 2 3 4 5 6 7 8 9

18 17 16 15 14 13 12 11 10

1 列

15 列

11 列

接左图继续编织

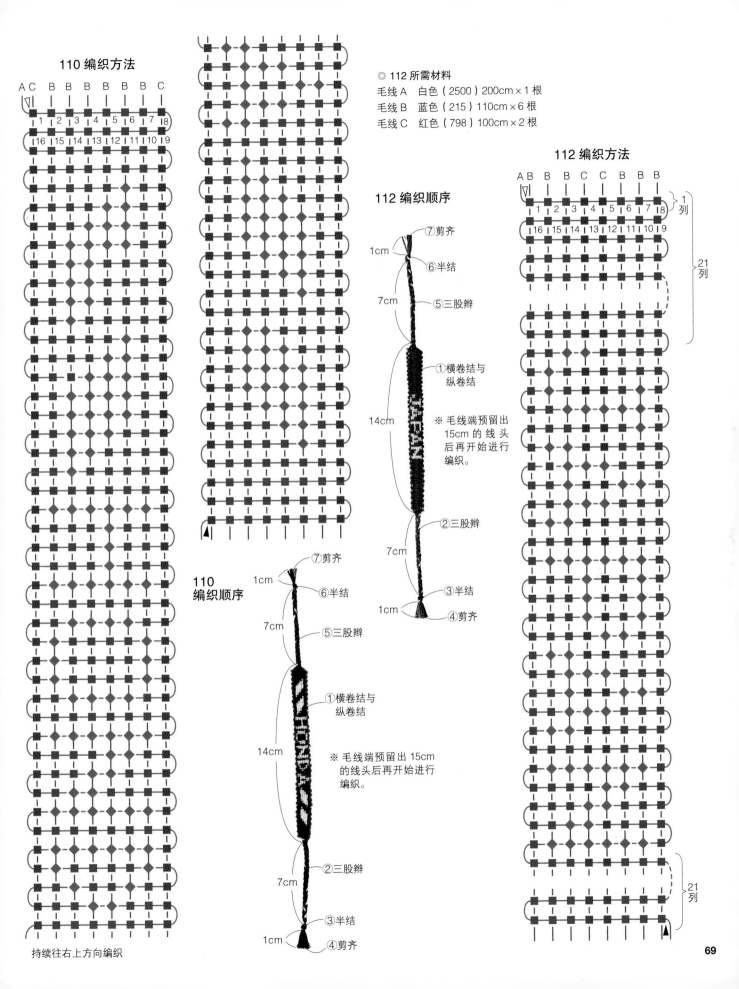

110 编织方法

A C B B B B B B C

◎ 112 所需材料

毛线 A 白色（2500）200cm×1 根
毛线 B 蓝色（215）110cm×6 根
毛线 C 红色（798）100cm×2 根

112 编织方法

A B B B C C B B B

112 编织顺序

⑦剪齐
1cm
⑥半结
7cm
⑤三股辫

①横卷结与
纵卷结

14cm

※ 毛线端预留出
15cm 的 线 头
后再开始进行
编织。

②三股辫
7cm

③半结
1cm
④剪齐

110
编织顺序

⑦剪齐
1cm
⑥半结
7cm
⑤三股辫

①横卷结与
纵卷结

14cm

※ 毛线端预留出 15cm
的线头后再开始进行
编织。

②三股辫
7cm

③半结
1cm
④剪齐

持续往右上方向编织

◎ 113~119 所需共同材料
cosmos 刺绣毛线（LECIEN）#25

◎ **113 所需材料**
毛线 A　绿色（274）300cm×1 根
毛线 B　红色（798）100cm×9 根

◎ **114 所需材料**
毛线 A　白色（2500）300cm×1 根
毛线 B　浅蓝色（412）100cm×9 根

◎ **115 所需材料**
毛线 A　黄色（301）300cm×1 根
毛线 B　红色（798）100cm×9 根

◎ **116 所需材料**
毛线 A　绿色（274）400cm×1 根
毛线 B　黄色（301）100cm×8 根

◎ **117 所需材料**
毛线 A　白色（2500）300cm×1 根
毛线 B　黑色（600）100cm×9 根

◎ **118 所需材料**
毛线 A　红色（798）400cm×1 根
毛线 B　白色（2500）100cm×8 根

◎ **119 所需材料**
毛线 A　白色（2500）300cm×1 根
毛线 B　蓝色（215）100cm×9 根

编织顺序

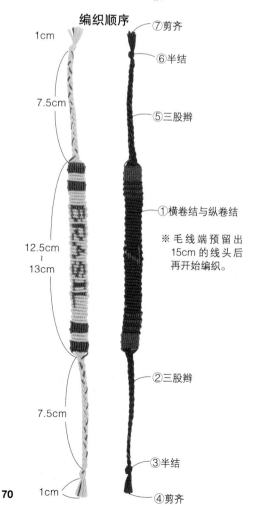

1cm
7.5cm
⑦剪齐
⑥半结
⑤三股辫
12.5cm ~ 13cm
①横卷结与纵卷结
※ 毛线端预留出 15cm 的线头后再开始编织。
②三股辫
7.5cm
③半结
④剪齐
1cm

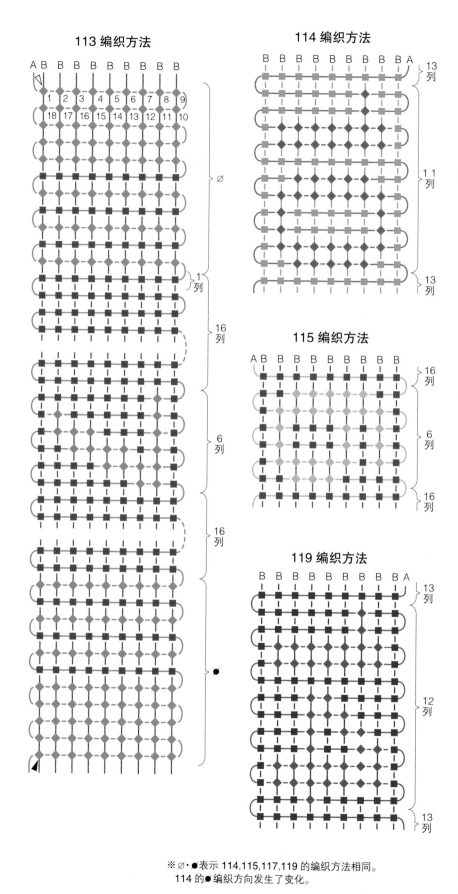

113 编织方法

114 编织方法

115 编织方法

119 编织方法

※ ∅・●表示 114,115,117,119 的编织方法相同。
114 的●编织方向发生了变化。

118 编织方法

从 ⊠ 位置开始编织

B B B B B B B B A

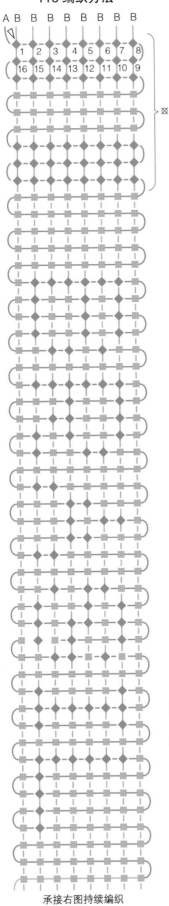

持续编织到●位置

116 编织方法

A B B B B B B B B

承接右图持续编织

◎ 109 所需共同材料
cosmos 刺绣毛线（LECIEN）#25
编织毛线 A　蓝色（215）100cm×2 根
编织毛线 B　白色（2500）90cm×2 根
编织毛线 C　红色（798）70cm×2 根

编织顺序

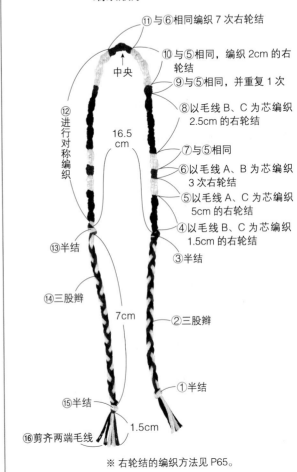

⑪ 与⑥相同编织 7 次右轮结
⑩ 与⑤相同，编织 2cm 的右轮结
⑨ 与⑤相同，并重复 1 次
⑧ 以毛线 B、C 为芯编织 2.5cm 的右轮结
⑦ 与⑤相同
⑥ 以毛线 A、B 为芯编织 3 次右轮结
⑤ 以毛线 A、C 为芯编织 5cm 的右轮结
④ 以毛线 B、C 为芯编织 1.5cm 的右轮结
③ 半结
② 三股辫
① 半结

中央
16.5 cm
7cm
1.5cm

⑫ 进行对称编织
⑬ 半结
⑭ 三股辫
⑮ 半结
⑯ 剪齐两端毛线

※ 右轮结的编织方法见 P65。

117 编织方法

A B B B B B B B B B

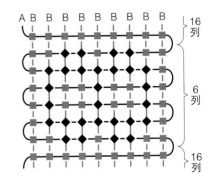

16 列
6 列
16 列

◎ 162 所需材料
HEMP TWINE 中细线
　毛线 A　紫罗兰段染毛线（371）210cm×1 根
　毛线 B　纯色（361）70cm×1 根
椰子配饰（MA2224）1 件

◎ 163 所需材料
HEMP TWINE 中细线
　毛线 A　彩虹色段染毛线（375）210cm×1 根
　毛线 B　纯色（361）70cm×1 根
椰子配饰（MA2224）1 件

◎ 164 所需材料
HEMP TWINE 中细线
　毛线 A　靛蓝色段染毛线（373）210cm×1 根
　毛线 B　纯色（361）70cm×1 根
椰子配饰（MA2224）1 件

编织毛线 A 的剪切方法

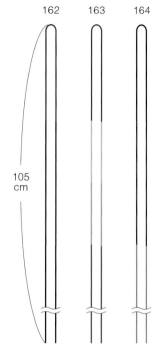

在中间位置将段染毛线对折，要保持左右对称，如图中所示长度，剪去毛线。

编织起点的编织方法

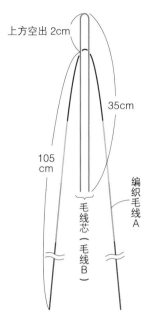

上方空出 2cm

35cm

105cm

毛线芯（毛线 B）

编织毛线 A

将对折的纯色毛线放置在段染毛线的上方。以纯色毛线为芯编织扭编结。

编织顺序

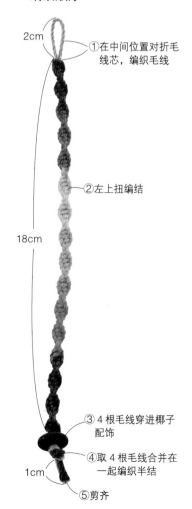

2cm

①在中间位置对折毛线芯，编织毛线

②左上扭编结

18cm

③4 根毛线穿进椰子配饰

④取 4 根毛线合并在一起编织半结

1cm

⑤剪齐

左上扭编结

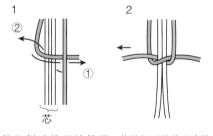

1
②
①
芯

从左侧毛线开始按照①②的顺序进行交叉

2

将编织毛线往左右拉

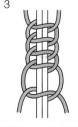

3

重复 1、2 的步骤。

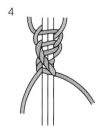

4

持续进行编织，从左到右的结点会自然呈现扭编状。

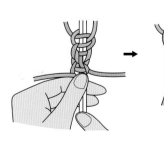

扭编结点扭转约半次左右，用手拉住毛线芯，将结点往上推。

◎ 165~166 所需共同材料
HEMP TWINE 中细线

◎ 165 所需材料
毛线 A　红色（329）200cm×1 根
毛线 B　绿色（331）200cm×1 根
毛线 C　黄色（327）200cm×1 根

◎ 166 所需材料
毛线 A　浅青绿色（337）200cm×1 根
毛线 B　自然色（321）200cm×1 根
毛线 C　洋红色（335）200cm×1 根

编织起点的编织方法

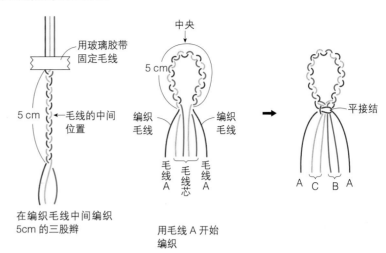

在编织毛线中间编织
5cm 的三股辫

用毛线 A 开始
编织

编织顺序

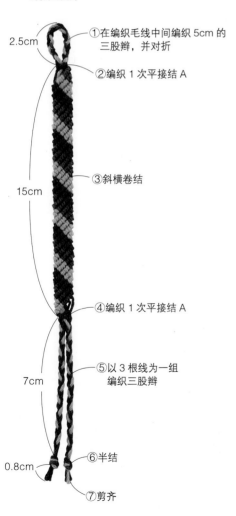

①在编织毛线中间编织 5cm 的
　三股辫，并对折

②编织 1 次平接结 A

③斜横卷结

④编织 1 次平接结 A

⑤以 3 根线为一组
　编织三股辫

⑥半结

⑦剪齐

编织方法

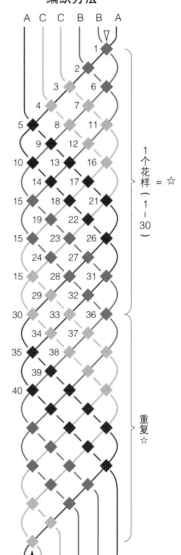

1 个花样（1~30）

重复 ☆

基本技巧

编织起点与编织终点

（最后编织两端的三股辫时）

●编织起点

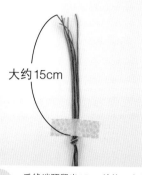

大约15cm

1 毛线端预留出15cm并编一个半结，用玻璃胶带将毛线固定在桌子上。在编织过程中会有强力拉扯毛线的动作，此时可能会发现毛线脱落的情况，因此我们要将牢牢地固定结点。稍候我们会解开结点，所以编织动作要尽量轻缓。

2 按照指定顺序排列毛线，再开始进行编织。每当开始编织时就移动固定胶带，这样一来就能牢固地进行编织，防止移位。

●编织终点

1 编织至指定的长度。

2 运用指定的方法持续编织三股辫进行收结操作。

3 解开编织起点一侧的半结。

4 编织终点用相同的方法进行收结。

编织范围示意图

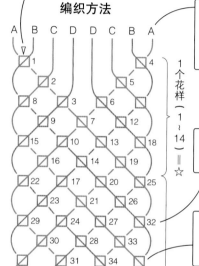

△ = 编织起点的位置（从此处开始编织）

编织方法

A B C D D C B A

毛线的种类
表示毛线的配色，A,B等字母参照材料栏中的说明。

1个花样（1~14）= ☆

编织顺序
按照数字的顺序编织。

结点记号
参照P76~P79，按照记号所示进行编织。

重复 ☆

花样的重复
按照指定的数目和长度，重复编织花样。
重复1~14的操作。

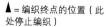

▲ = 编织终点的位置（此处停止编织）

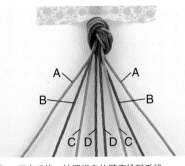

1 固定毛线，按照指定的顺序排列毛线。

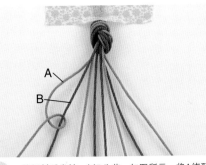

2 编织斜反卷结。以B为芯，如图所示，将A绕到B上并拉紧。

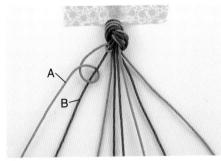

3 再次以B为芯，如图所示，将A绕到B上并拉紧。

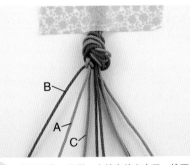

4 拉紧毛线，这样一个结点就出来了。接下来更换A,B的位置。以C为芯，以A为编织毛线持续进行编织。

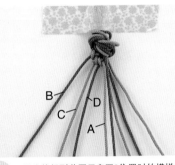

5 图为编织到范围示意图3位置时的模样。

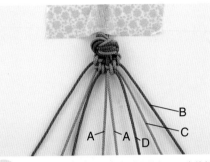

6 右端也从右上往左下方向进行编织，一直编织到范围示意图4~6的位置。

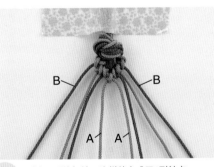

7 中间A毛线打结。这样就完成了1列结点。

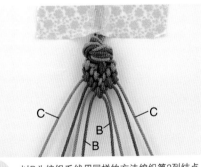

8 以B为编织毛线用同样的方法编织第2列结点。这样1个花样就完成了。重复以下操作。

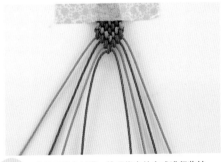

9 编织至指定长度。按照指定的方式进行收结。

三股辫

1 将3根毛线排列在一起，A与B交叉。

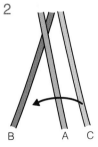

2 C与A交叉。

3 重复步骤1、2，交叉毛线。

4 一边编织一边拉紧毛线。

基本的编织方法

半结

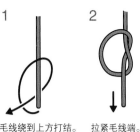

毛线绕到上方打结。

拉紧毛线端。

3

完成半结。无论有多少根毛线都用同样方法打半结。

反手结

1

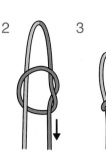

在中间位置将编织毛线对折，或者是用2根毛线进行编织。一根毛线绕在另一根毛线上，按照半结编织方法的要领进行编织。

2

拉紧毛线。

3

完成反手结。

横卷结

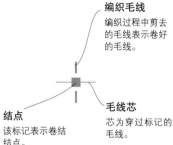

编织毛线
编织过程中剪去的毛线表示卷好的毛线。

结点
该标记表示卷结结点。

毛线芯
芯为穿过标记的毛线。

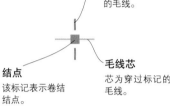

1

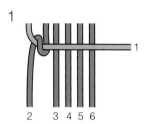

以毛线1为芯，2为编织毛线，如图所示，将2绕到1上面。

2

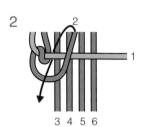

如箭头所示，将2绕到1上。

3

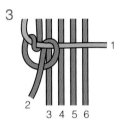

如图所示进行编织，毛线芯要保持水平，拉紧编织毛线。

4

持续将3，4，5，6毛线按照顺序绕到1上进行编织。

5

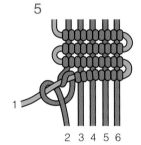

第1列编织完毕，当我们编织下一列时，为了不让折返编织的毛线芯过于明显，要将毛线整理拉好。第2列往左进行编织，编织毛线的编织方向与第1列相反。

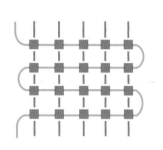

纵卷结

毛线芯
芯为穿过标记的毛线。

编织毛线
编织过程中剪去的毛线表示卷好的毛线。

结点
该标记表示卷结结点。

1

如图所示，将编织毛线1绕在毛线芯2上。

2

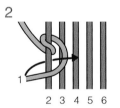

如箭头所示，将1挂在毛线芯上进行编织。

3

如图所示进行编织，一边拉毛线芯一边拉紧编织毛线。

4

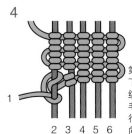

第1列编织完毕，当我们编织下一列时，为了不让折返编织的毛线芯过于明显，要将毛线整理拉好。第2列往左进行编织，编织毛线的编织方向与第1列相反。

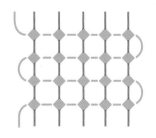

左梭结

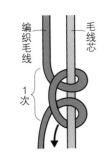

将编织毛线放置在毛线芯的左侧。将编织毛线从上方绕到毛线芯上，接下来从下方绕，这样就完成了1次左梭结。为了不露出毛线芯，我们将结点拉紧。拉紧之后结点会显得整齐，除此而外毛线芯也不会移位。

右梭结

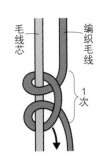

将编织毛线放置在毛线芯的右侧。将编织毛线从上方绕到毛线芯上，接下来从下方绕，这样就完成了1次右梭结。为了不露出毛线芯，我们要将结点拉紧。拉紧之后结点会显得整齐，除此而外毛线芯也不会移位。

横反卷结

编织毛线
编织过程中剪去的毛线表示卷好的毛线。

毛线芯
芯为穿过标记的毛线。

结点
该标记表示卷结点。

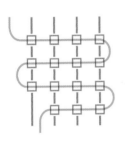

1

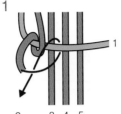

以1为芯，如图所示，将编织毛线2绕到1上。横卷结的缠绕方法与此相反。

2

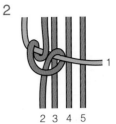

如图所示进行编织，毛线芯要保持水平，拉紧编织毛线。

3

持续将3、4、5毛线按照顺序绕到1上进行编织。

4

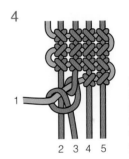

第1列编织完毕，当我们编织下一列时，为了不让折返编织的毛线芯过于明显，要将毛线整理拉好。第2列要往左进行编织，编织方向与第1列相反。

纵反卷结

毛线芯
芯为穿过标记的毛线。

编织毛线
编织过程中剪去的毛线表示卷好的毛线。

结点
该标记表示卷结点。

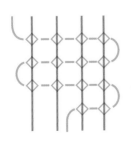

1

以2为芯，如图所示，将编织毛线1绕到2上。

2

如图所示进行编织，一边拉毛线芯一边拉紧编织毛线。

3

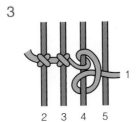

如图所示，持续将3、4、5毛线按照顺序绕到2上进行编织。

4

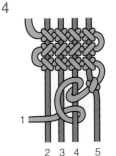

第1列编织完毕，当我们编织下一列时，为了不让折返编织的毛线芯过于明显，要将毛线整理拉好。第2列要往左进行编织，编织毛线的编织方向与第1列相反。

斜横卷结

（从左上到右下）

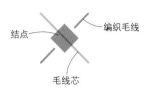

结点 — 编织毛线
毛线芯

这是一种运用横卷结编织的编织方法。
从左上往右下进行斜向编织。如图所示，将编织毛线2、3、4绕到毛线芯1上，拉紧毛线芯1。

1
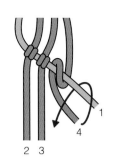

2
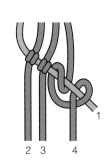

斜横卷结

（从右上到左下）

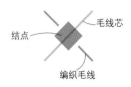

结点 — 毛线芯
编织毛线

这是一种运用横卷结编织的编织方法。
从右上往左下进行斜向编织。如图所示，将编织毛线2、3、4绕到毛线芯1上，拉紧毛线芯1。

1
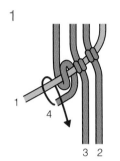

2
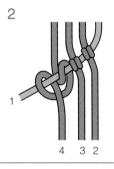

斜纵卷结

（从左上到右下）

结点 — 毛线芯
编织毛线

这是一种运用纵卷结编织的编织方法。
从左上往右下进行斜向编织。如图所示，将毛线芯2、3、4绕到编织毛线1上，拉紧毛线芯2、3、4。

1
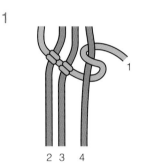

2
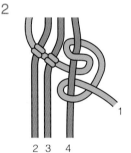

斜纵卷结

（从右上到左下）

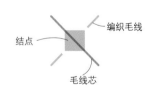

结点 — 编织毛线
毛线芯

这是一种运用纵卷结编织的编织方法。
从右上往左下进行斜向编织。如图所示，将毛线芯2、3、4绕到编织毛线1上，拉紧毛线芯2、3、4。

1
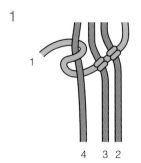

2
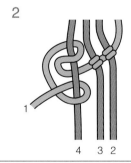

平接结 A

1 编织毛线 毛线芯 编织毛线

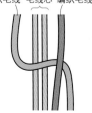

将左边的编织毛线折好放置在毛线芯（中间的2根毛线）上，右边毛线绕在左边的编织毛线上。

2

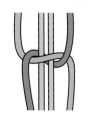

右边的毛线穿过毛线芯的下方。

3

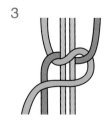

如图所示，折好右边的毛线。

4

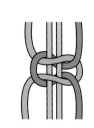

左边的编织毛线穿过毛线芯下方拉紧毛线。到此为止完成1次平接结。

78

斜横反卷结

（从左上到右下）

结点 —— 编织毛线
毛线芯

这是一种运用反卷结的编织方法。
从左上往右下进行斜向编织。如图所示，将编织毛线2、3、4绕到毛线芯1上，拉紧毛线芯1。

1

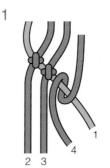

2

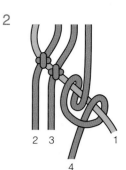

斜横反卷结

（从右上到左下）

结点 —— 毛线芯
编织毛线

这是一种运用反卷结的编织方法。
从右上往左下进行斜向编织。如图所示，将编织毛线2、3、4绕到毛线芯1上，拉紧毛线芯1。

1

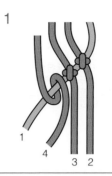

2

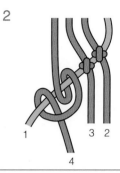

斜纵反卷结

（从左上到右下）

结点 —— 毛线芯
编织毛线

这是一种运用反卷结编织的编织方法。
从左上往右下进行斜向编织。如图所示，将毛线芯2、3、4绕到编织毛线1上，拉紧毛线芯2、3、4。

1

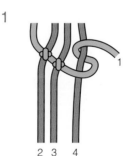

2

斜纵反卷结

（从右上到左下）

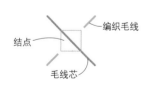

结点 —— 编织毛线
毛线芯

这是一种运用反卷结编织的编织方法。
从右上往左下进行斜向编织。如图所示，将毛线芯2、3、4绕到编织毛线1上，拉紧毛线芯2、3、4。

1

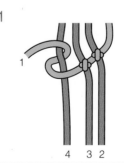

2

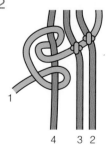

平接结 B

1

编织毛线　毛线芯　编织毛线

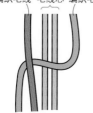

将右边的编织毛线折好放置在毛线芯（中间的2根毛线）上，左边毛线绕在右边的编织毛线上。

2

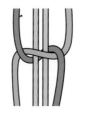

左边的毛线绕过毛线芯的下方。

3

如图所示，折好左边的毛线。

4

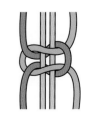

右边的编织毛线穿过毛线芯下方拉紧毛线。到此为止完成了1次平接结。

本书由日本靓丽出版社授权北京书中缘图书有限公司出品并由河北科学技术出版社在中国范围内独家出版本书中文简体字版本。

著作权合同登记号：冀图登字 03-2015-034

版权所有·翻印必究

图书在版编目（CIP）数据

幸运编绳手链 178 款 / 日本靓丽出版社编著；王慧译 . -- 石家庄：河北科学技术出版社，2015.5（2023.12 重印）

ISBN 978-7-5375-7490-7

Ⅰ.①幸… Ⅱ.①日… ②王… Ⅲ.①绳结—手工艺品—制作 Ⅳ.① TS935.5

中国版本图书馆 CIP 数据核字 (2015) 第 064192 号

幸运编绳手链 178 款

日本靓丽出版社　编著　　王　慧　译

策划制作：北京书锦缘咨询有限公司	
总 策 划：陈　庆	
策　　划：邵嘉瑜	
责任编辑：杜小莉	
设计制作：柯秀翠	

出版发行	河北科学技术出版社
地　　址	石家庄市友谊北大街 330 号（邮编：050061）
印　　刷	天津市蓟县宏图印务有限公司
经　　销	全国新华书店
成品尺寸	210mm×260mm
印　　张	5
字　　数	100 千字
版　　次	2015 年 6 月第 1 版 2023 年 12 月第 11 次印刷
定　　价	32.80 元